Technische Physik in Einzeldarstellungen Band 16

Begründet von W. Meissner und M. Näbauer
Herausgegeben von F. X. Eder

Technologie der Galliumarsenid-Bauelemente

von

Waldemar von Münch

Mit 187 Einzelabbildungen

Springer Verlag Berlin Heidelberg New York
J. F. Bergmann Verlag München
1969

Dr. phil. nat. Waldemar von Münch
Professor im Institut für Halbleitertechnik
der Rheinisch-Westfälischen Technischen Hochschule Aachen

ISBN-13: 978-3-642-88372-9   e-ISBN-13: 978-3-642-88371-2
DOI: 10.1007/978-3-642-88371-2

Vorwort

Während die Technologie der Germanium- und Siliziumbauelemente bereits vor Jahren eine außerordentlich rasche Entwicklung vom Laborstadium zur industriellen Massenfertigung durchgemacht hat, befindet sich die Technologie der Galliumarsenid-Bauelemente gegenwärtig in einem nur verhältnismäßig langsam fortschreitenden Prozeß des Überganges von der Laborentwicklung zur Fertigungsreife. Diese Tatsache steht in ursächlichem Zusammenhang mit den sehr erheblichen technologischen Schwierigkeiten bei der Herstellung geeigneten Galliumarsenid-Materials und bei der Realisierung von Galliumarsenid-Bauelementen. Ferner sind die Ursachen einiger nachteiliger Eigenschaften von Galliumarsenid-Bauelementen (z.B. Frequenzbegrenzung bei bipolaren Transistoren, Kennlinienveränderungen bei Tunneldioden) noch nicht vollständig geklärt.

In jüngster Zeit ist nun ein steigender kommerzieller Einsatz von Galliumarsenid-Bauelementen — insbesondere von Höchstfrequenzdioden und optoelektronischen Bauelementen — zu bemerken. Mit dem Einsatz von Elektronentransfer-Bauelementen kann in Kürze gerechnet werden. Es ist zu erwarten, daß diese neuere Entwicklung, die von wesentlichen Verbesserungen auf dem Materialsektor begleitet wird, auch befruchtend auf die Weiterentwicklung von „klassischen" Bauelementen (bipolare und Feldeffekttransistoren) wirkt. In dieser Situation erscheint es wünschenswert, einem möglichst großen Kreis von Fachleuten und Studierenden höherer Semester eine zusammenfassende Darstellung des heutigen Standes der Galliumarsenid-Technologie zur Verfügung zu stellen. Die jedem Kapitel beigefügten Literaturverzeichnisse sollen eine Hilfestellung für den an Einzelfragen interessierten Leser geben. Bei der Auswahl der Literaturstellen wurde zusammenfassenden Darstellungen der Vorzug gegeben, da diese — im Vergleich zu Originalarbeiten — dem Leser eine umfassendere und oft besser aufbereitete Information liefern.

W. von Münch

Inhalt

Liste der Symbole

a_0	Gitterkonstante
B	magnetische Induktion
C	Konzentration
$\underline{C}$	Flächendichte
C_0	Oberflächenkonzentration
C_{Gi}	Konzentration auf Gitterplätzen
C_{Zw}	Konzentration auf Zwischengitterplätzen

c	reduzierte Konzentration (C/C_0)
C	Kapazität
C_c	Kollektorkapazität
C_i	ideale Kapazität der Steuerelektrode (pro Flächeneinheit)
C_{eff}	effektive Kapazität der Steuerelektrode (pro Flächeneinheit)
D	Diffusionskonstante
D_0	auf $T = \infty$ extrapolierte Diffusionskonstante
D_s	Diffusionskonstante an der Oberfläche
D_{Gi}	Diffusionskonstante für Diffusion auf Gitterplätzen
D_{Zw}	Diffusionskonstante für Diffusion auf Zwischengitterplätzen
D^*	effektive Diffusionskonstante
D°	ambipolare Diffusionskonstante (Elektronen und Löcher)
d	Dichte, Dicke
E	Energie
E_a	Aktivierungsenergie
E_L	Energie der Unterkante des Leitungsbandes
E_V	Energie der Oberkante des Valenzbandes
E_G	Bandabstand
E_G'	effektiver Bandabstand
$E_{\Gamma X}$	energetischer Abstand zwischen Γ- und X-Minimum
$E_{\Gamma L}$	energetischer Abstand zwischen Γ- und L-Minimum
E_{Fn}	Energie des Quasi-Ferminiveaus der Elektronen
E_{Fp}	Energie des Quasi-Ferminiveaus der Löcher
F	Feldstärke
F_{k}	kritische Feldstärke
f	Frequenz
f_{max}	Grenzfrequenz der Leistungsverstärkung
f_T	Grenzfrequenz der Stromverstärkung
f_{LG}	Frequenz der Laufzeit-Grundschwingung
g_{m0}	maximale Steilheit
h	Plancksches Wirkungsquantum
I	Strom
i	Stromdichte
i_t	Schwellenstromdichte
k	Boltzmannkonstante
$\boldsymbol{k}$	Wellenzahlvektor
L	Diffusionslänge $\left(\sqrt{D\tau}\right)$
L_n	Diffusionslänge der Elektronen
L_p	Diffusionslänge der Löcher
l	Länge
m_0	Elektronenmasse
m_n	effektive Masse der Elektronen
m_p	effektive Masse der Löcher
N_A	Akzeptorenkonzentration
N_D	Donatorenkonzentration
N_{AA}	Konzentration tiefliegender Akzeptoren
N_{DD}	Konzentration tiefliegender Donatoren
N_L	effektive Termdichte des Leitungsbandes
N_V	effektive Termdichte des Valenzbandes
n	Elektronenkonzentration
n_0	Gleichgewichts-Elektronenkonzentration
n_i	Eigenkonzentration

n	Brechungsindex
p	Löcherkonzentration
p_D	Dampfdruck
p_{As}	Arsendampfdruck
Q_n	Flächendichte beweglicher Ladungsträger
Q_S	Flächendichte der Ladungsträger in Grenzflächenzuständen
q	Elementarladung
R	Reflexionsfaktor
R_H	HALL-Konstante
r_b	Basiswiderstand
S_{ph}	Photonenstromdichte
T	absolute Temperatur
T_S	Schmelzpunkt
t	Zeit
U	Spannung
U_B	Durchbruchspannung
U_{A0}	Sättigungsspannung
U_G	Steuerspannung
U_{PGM}	photogalvanomagnetische Leerlaufspannung
ΔU_{PL}	Spannungsänderung durch Photoleitung
V_{As}	Arsen-Leerstelle
V_{Ga}	Gallium-Leerstelle
v_{dr}	Driftgeschwindigkeit
x	Ortskoordinate (Abstand von der Oberfläche)
x_0	Dicke einer Quellen- oder Maskierschicht
x_{00}	Grenzdicke vollständiger Maskierung
x_j	Abstand des pn-Überganges von der Oberfläche
α	Absorptionskonstante, Stromverstärkung in Basisschaltung
β	Ausdehnungskoeffizient, Stromverstärkung in Emitterschaltung, Lichtverstärkung pro Längeneinheit und Einheit der Stromdichte
ε	Dielektrizitätskonstante
ε_0	Vakuum-Dielektrizitätskonstante
ε_r	relative Dielektrizitätskonstante
Θ_D	DEBYE-Temperatur
$\varkappa$	Verteilungskoeffizient
λ	Wärmeleitfähigkeit, Wellenlänge
λ_{min}	Wellenlänge minimalen Reflexionsvermögens
μ_n	Elektronenbeweglichkeit
μ_p	Löcherbeweglichkeit
$\mu_{n\Gamma}$	Elektronenbeweglichkeit im Γ-Minimum
μ_{nX}	Elektronenbeweglichkeit im X-Minimum
ν	Lichtfrequenz
ϱ	spezifischer Widerstand
ϱ_i	spezifischer Widerstand bei Eigenleitung
σ	spezifische Leitfähigkeit
τ	Zeitkonstante
τ_b	Trägerlaufzeit durch die Basis
τ_n	Lebensdauer der Elektronen
τ_p	Lebensdauer der Löcher
τ_{PL}	Lebensdauer aus Photoleitung
τ_{PGM}	Lebensdauer aus photogalvanomagnetischem Effekt
$\tau_{\Gamma X}$	Zeitkonstante für Umbesetzung zwischen Γ- und X-Minimum

1. Einleitung

Als Grundmaterial für die Fertigung von Dioden und Transistoren dienen gegenwärtig fast ausschließlich die elementaren Halbleiter Germanium und Silizium. Um den ständig steigenden Anforderungen in vielen Zweigen der Elektronik gerecht zu werden, ist eine fortlaufende Weiterentwicklung der Technologie der Halbleiterbauelemente notwendig. Hierbei sind auch neue Halbleiterwerkstoffe in Betracht zu ziehen. Mit dem Einsatz neuer Halbleiterwerkstoffe wird entweder angestrebt, die Eigenschaften konventioneller Halbleiterbauelemente zu verbessern (z.B. hinsichtlich der Frequenz- und Temperaturgrenzen), oder es sollen Effekte ausgenutzt werden, die in Germanium und Silizium nicht auftreten (z.B. bei Injektionslasern und GUNN-Oszillatoren).

Von den zahlreichen bekannten Verbindungshalbleitern sind für die Herstellung von Transistoren und anderen Halbleiterbauelementen insbesondere einige der aus einem Element der III. Gruppe des Periodischen Systems und einem Element der V. Gruppe zusammengesetzten Verbindungen geeignet. Die III-V-Verbindungen kristallisieren vorwiegend im Zinkblendegitter und weisen physikalische Eigenschaften auf, die denen von Germanium und Silizium weitgehend ähnlich sind. Auf die besondere Bedeutung der III-V-Verbindungen für die Halbleiterelektronik hat zuerst WELKER hingewiesen [1].

Die aus den Elementen Aluminium, Gallium und Indium der III. Gruppe und den Elementen Phosphor, Arsen und Antimon der V. Gruppe des Periodischen Systems herzustellenden neun Verbindungen sind in Tab. 1 den Elementhalbleitern Germanium und Silizium, sowie der

Tabelle 1. *Bandabstand (E_G) und geometrisches Mittel der Beweglichkeiten der Elektronen und Löcher (μ_n und μ_p) bei den Elementhalbleitern (IV. Gruppe des Periodischen Systems) und bei den wichtigsten III-V-Verbindungen (300 °K). „Direkte" Bandübergänge in Fettdruck*

IV	III–V			E_G [eV]				$\sqrt{\mu_n \mu_p}$ [cm²/Vs]			
Si	AlP			1,11		2,5		1000		?	
	AlAs	GaP			2,3	2,24			500	200	
Ge	AlSb	GaAs	InP	0,67	1,6	**1,35**	**1,26**	2600	300	1900	900
	GaSb	InAs				**0,67**	**0,35**			2300	3900
α-Sn	InSb			0,08		**0,17**		2400		7600	

halbleitenden Modifikation des Zinns gegenübergestellt. Aluminiumphosphid ist isoelektronisch mit Silizium d.h. die Verbindung AlP besitzt im Mittel die gleiche Anzahl von Elektronen wie Silizium. Mit Germanium isoelektronische Verbindungen sind: Aluminiumantimonid, Galliumarsenid und Indiumphosphid. Ferner ist Indiumantimonid isoelektronisch mit Zinn.

Bei der Beurteilung der Verwendbarkeit von Halbleitern für die Herstellung von Bauelementen sind u.a. die beiden physikalischen Größen Bandabstand, E_G, und mittlere Beweglichkeit der Ladungsträger, $\sqrt{\mu_n \mu_p}$, zu berücksichtigen. Zahlenwerte für E_G und $\sqrt{\mu_n \mu_p}$ sind in Tab. 1 aufgeführt. Da für die meisten Halbleiterbauelemente sowohl ein hoher Bandabstand ($\gtrsim 0{,}5\,\mathrm{eV}$) als auch eine möglichst hohe mittlere Ladungsträgerbeweglichkeit gefordert werden, sind von den Verbindungshalbleitern insbesondere Galliumantimonid, Indiumphosphid und Galliumarsenid in Betracht zu ziehen.

Galliumantimonid weist bei gleichem Bandabstand eine geringere Beweglichkeit als Germanium auf; es besteht daher kein merkliches Interesse an der Entwicklung von Bauelementen aus diesem Verbindungshalbleiter. Der Verwendung von Indiumphosphid, welches bei annähernd gleicher Beweglichkeit einen höheren Bandabstand als Silizium besitzt, stehen gegenwärtig vorwiegend technologische Probleme entgegen.

Die unter den Verbindungshalbleitern günstigste Kombination der Werte für den Bandabstand und die mittlere Beweglichkeit ist bei Galliumarsenid zu finden. Der Bandabstand des Galliumarsenids ist nahezu doppelt so groß wie der des Germaniums und um rd. $0{,}2\,\mathrm{eV}$ größer als bei Silizium. Die mittlere Ladungsträgerbeweglichkeit in Galliumarsenid ist zwar etwas geringer als in Germanium, jedoch etwa um den Faktor zwei größer als in Silizium. Es ist somit zu erwarten, daß sich mit Galliumarsenid beispielsweise bipolare Transistoren realisiern lassen, deren Temperatur- und Frequenzgrenzen oberhalb derjenigen vergleichbarer Siliziumbauelemente liegen.

Für bestimmte opto-elektronische Bauelemente ist neben dem Bandabstand auch die *Natur* der Elektronenübergänge vom Leitungsband in das Valenzband (und umgekehrt) von Bedeutung. Wie in Tab. 1 durch Fettdruck hervorgehoben, gehört Galliumarsenid zur Gruppe der Halbleiter mit *direkten* Bandübergängen und ist somit zur Herstellung von Leuchtdioden hoher Quantenausbeute und von Injektionslasern geeignet. Die zur Realisierung des GUNN-Effektes erforderlichen Voraussetzungen hinsichtlich der Bandstruktur sind bei Galliumarsenid ebenfalls erfüllt.

In den folgenden Kapiteln werden zunächst die physikalischen Eigenschaften des Galliumarsenids mitgeteilt und die sich daraus ergebende

Eignung des Galliumarsenids für verschiedene elektronische Bauelemente diskutiert. Danach werden die wichtigsten Methoden zur Herstellung des Grundmaterials und die zur Realisierung von GaAs-Bauelementen notwendigen Verfahrensschritte beschrieben. Abschließend soll die Herstellung wichtiger GaAs-Bauelemente (bipolare Transistoren, Feldeffekttransistoren, opto-elektronische Bauelemente und GUNN-Oszillatoren) anhand von Beispielen erläutert werden.

Literatur Kapitel 1

[1]   WELKER, H.: Z. Naturforschg. **7a**, 744 (1952).

2. Physikalische Eigenschaften des Galliumarsenids

In den folgenden Abschnitten sind einige wichtige physikalische Eigenschaften des Galliumarsenids zusammengestellt. Es handelt sich hierbei insbesondere um diejenigen Eigenschaften, die für die Beurteilung des Galliumarsenids als Grundmaterial für elektronische Bauelemente ausschlaggebend sind. Angaben über Kristallstruktur, Dampfdruck, Verteilungskoeffizient der Störstellen etc. sollen vorwiegend zur Erläuterung technologischer Probleme dienen. Zum Vergleich werden einige Daten für Germanium, Silizium und Indiumphosphid herangezogen.

2.1 Eigenschaften des reinen Galliumarsenids

Galliumarsenid kristallisiert im Zinkblendegitter. Dieses Gitter kann als Kombination zweier kubisch flächenzentrierter Teilgitter beschrieben werden (Abb. 2.1), wobei die Anfangspunkte der beiden Teilgitter (Ga-Gitter und As-Gitter) um den Vektor $^1/_4$ (a_0, a_0, a_0) gegeneinander verschoben sind (a_0 = Gitterkonstante). Die (100)-Ebenen sind abwechselnd vollständig mit Ga-Atomen oder As-Atomen besetzt. Ihr Abstand ist jeweils $a_0/4$. Die (110)-Ebenen enthalten Gallium- und Arsenatome in gleicher Anzahl. Senkrecht zur ⟨111⟩-Richtung findet man mit Gallium- und Arsenatomen besetzte Doppelschichten. Man hat daher zwischen der (111)-Ebene (Doppelschicht mit Ga-Atomen endend) und der $(\bar{1}\,\bar{1}\,\bar{1})$-Ebene (Doppelschicht mit As-Atomen endend) zu unterscheiden (Abb. 2.2).

Galliumarsenidkristalle können besonders leicht gespalten werden, wenn die Spaltfläche in einer (110)-Ebene liegt. Hiervon wird in der Technologie der GaAs-Injektionslaser Gebrauch gemacht.

Einige für die Entwicklung von Halbleiterbauelementen wichtige physikalische Größen sind in Tab. 2.1 für Germanium, Silizium, Galliumarsenid und Indiumphosphid zusammengestellt. Für den Bandabstand sind jeweils drei Werte aufgeführt, von denen zwei aus optischen Messungen (Absorptionskante), der dritte aus elektrischen Messungen (Ladungsträgerkonzentration) ermittelt wurden. Die Temperaturabhängigkeit des Bandabstandes kann bei Galliumarsenid angenähert mit

$$E_G\,(T) = 1{,}52 - 5{,}5 \times 10^{-4}\,T \qquad (2.1)$$

beschrieben werden (E_G in eV, T in °K).

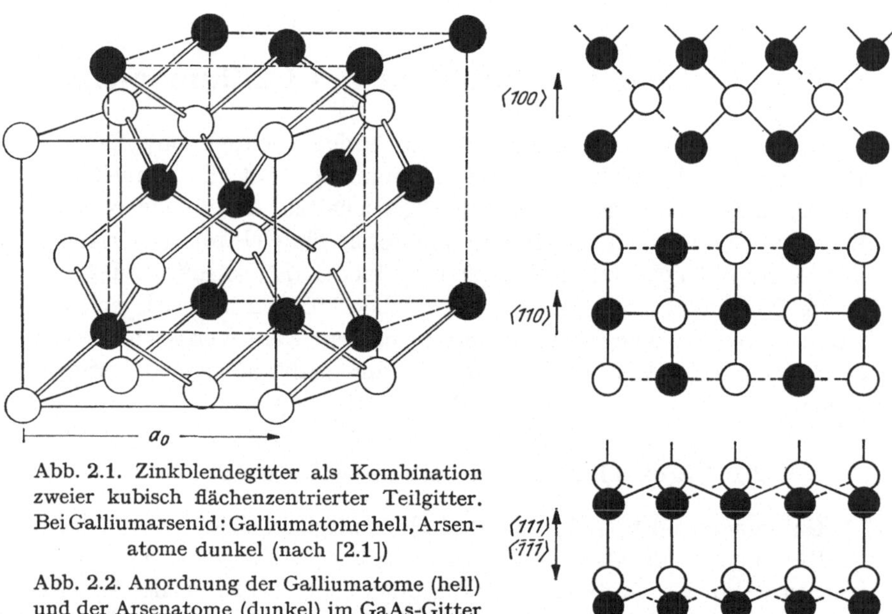

Abb. 2.1. Zinkblendegitter als Kombination zweier kubisch flächenzentrierter Teilgitter. Bei Galliumarsenid: Galliumatome hell, Arsenatome dunkel (nach [2.1])

Abb. 2.2. Anordnung der Galliumatome (hell) und der Arsenatome (dunkel) im GaAs-Gitter in verschiedenen Orientierungen (schematisch)

Die für die Ladungsträgerbeweglichkeit angegebenen Werte beziehen sich auf den Grenzfall verschwindender Störstellenkonzentration bzw. auf die beim gegenwärtigen Stand der Technologie erreichten Maximalwerte für μ_n und μ_p. Die Abhängigkeit der Beweglichkeit von der Dotierung wird in Kap. 2.2 behandelt.

Wie aus Tab. 2.1 hervorgeht, sind die Gitterkonstante und der Ausdehnungskoeffizient von Germanium und Galliumarsenid nahezu gleich. Diese Übereinstimmung ermöglicht einkristallines Wachstum von Galliumarsenid auf Germanium und umgekehrt.

Tabelle 2.1. *Zusammenstellung wichtiger physikalischer Daten von Germanium, Silizium, Galliumarsenid und Indiumphosphid. Zahlenwerte bei 300 °K, soweit nicht anders angegeben. Literatur: [2.1] bis [2.6]*

	Ge	Si	GaAs	InP	
Bandabstand E_G					
0 °K, opt.	0,75	1,15	1,52	1,42	[eV]
300 °K, opt.	0,67	1,11	1,35	1,26	[eV]
300 °K, elektr.	0,78	1,21	1,4	1,34	[eV]
Effektive Masse					
Elektronen m_n	0,55 m_0	1,1 m_0	0,067 m_0	0,075 m_0	
Löcher m_p	0,37 m_0	0,59 m_0	0,5 m_0	0,2 m_0	
	(4 °K)	(4 °K)			
Beweglichkeit					
Elektronen μ_n	3900	1900	8800	4600	[cm²/Vs]
Löcher μ_p	1800	480	450	150	[cm²/Vs]
Eigenleitungs-widerstand ϱ_i	46	$2,3 \times 10^5$	$> 10^8$	$> 2 \times 10^6$	[Ω cm]
Dielektrizitäts-konstante ε_r	16	12	11,5	12	
Gitterkonstante a_0	5,657	5,431	5,654	5,869	[Å]
Dichte d	5,328	2,329	5,316	4,787	[g/cm³]
DEBYE-Tempera-tur Θ_D	406	689	355	420	[°K]
Ausdehnungs-koeffizient β	$6,1 \times 10^{-6}$	$2,4 \times 10^{-6}$	$5,8 \times 10^{-6}$	$4,6 \times 10^{-6}$	[°C⁻¹]
Wärmeleitfähig-keit λ	0,61	1,41	0,46	0,68	[W/cm °C]
Schmelzpunkt T_S	936	1412	1238	1058	[°C]
Dampfdruck am Schmelzpunkt	$8,4 \times 10^{-7}$	$5,6 \times 10^{-4}$	740	$1,6 \times 10^4$	[torr]

Abb. 2.3 zeigt die Bandstruktur des Galliumarsenids in der für Halbleiter mit Diamant- und Zinkblendestruktur üblichen Darstellung, d.h. die Elektronenenergie ist in Abhängigkeit von der Größe des Wellenzahlvektors k in $\langle 100 \rangle$- und $\langle 111 \rangle$-Richtung aufgetragen. Galliumarsenid ist ein „direkter" Halbleiter, da sich sowohl das Maximum des Valenzbandes als auch das niedrigste Minimum des Leitungsbandes bei $k = 0$ befinden (Γ-Punkt). Die nächsthöheren Minima des Leitungsbandes liegen in der $\langle 100 \rangle$-Richtung (X-Punkt).

Die aus der Bandstruktur (Bandabstand und effektive Masse) resultierende Eigenkonzentration n_i der Ladungsträger ist in Abb. 2.4 in Abhängigkeit von der Temperatur für Germanium, Silizium und Galliumarsenid dargestellt. Die Eigenkonzentration dient insbesondere zur Beurteilung der oberen Grenze der Betriebstemperatur von Halbleiterbauelementen. Sie kann außerdem einen Einfluß auf die Verteilung und die Diffusion von Störstellen haben.

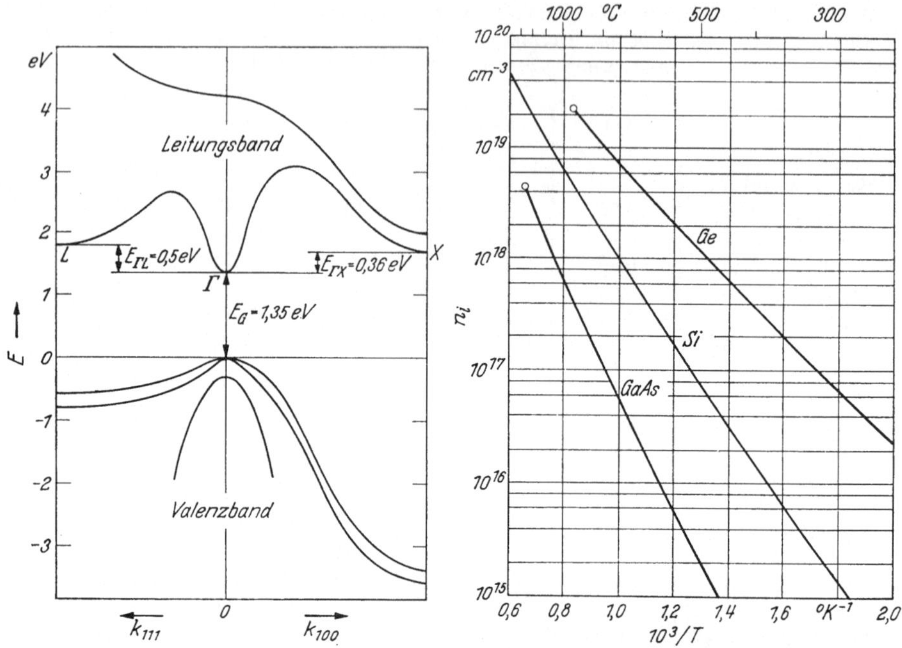

Abb. 2.3. Bandstruktur des Galliumarsenids (nach [2.7])

Abb. 2.4. Eigenkonzentration n_i für Germanium, Silizium und Galliumarsenid (nach [2.8])

Von den optischen Eigenschaften des Galliumarsenids ist in Abb. 2.5 die Grundgitterabsorption in der Nähe der Bandkante (Übergänge vom Maximum des Valenzbandes in das Minimum des Leitungsbandes bei $k = 0$) dargestellt. Das bei tiefen Temperaturen in unmittelbarer Nähe

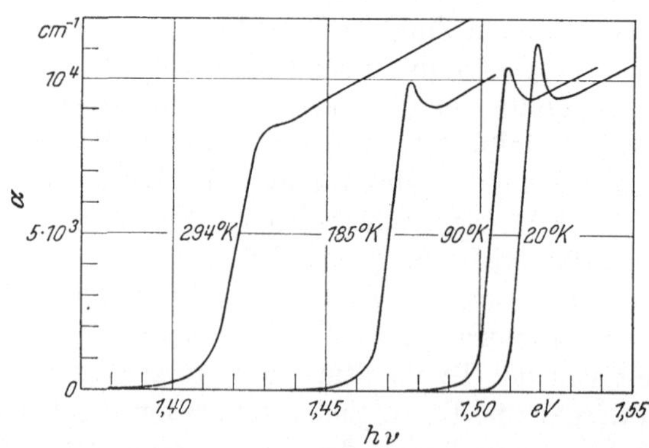

Abb. 2.5. Absorptionskonstante des Galliumarsenids in Abhängigkeit von der Photonenenergie bei verschiedenen Temperaturen (nach [2.9])

der Bandkante zu beobachtende Absorptionsmaximum ist auf freie Exzitonen mit einer Bindungsenergie von 0,0034 eV zurückzuführen.

Als technologisch wichtige Größe ist in Abb. 2.6 a, b der Dampfdruck über den Halbleitern Germanium, Silizium, Galliumarsenid und Indiumphosphid angegeben. Bei Galliumarsenid beträgt der Dampfdruck der flüchtigen Komponente (Arsen) am Schmelzpunkt 0,97 atm, bei Indiumphosphid dagegen 21 atm. Galliumarsenid läßt sich daher aus einer stöchiometrischen Schmelze nach Verfahren herstellen, die denjenigen der konventionellen Technologie elementarer Halbleiter nachgebildet sind (siehe Kap. 4.1 bis 4.3). Bei Indiumphosphid ist dagegen die Kristallisation aus nichtstöchiometrischer Schmelze oder die Synthese aus der Gasphase vorzuziehen. Beide Verbindungshalbleiter haben einen merklichen Dampfdruck in dem für die Störstellendiffusion erforderlichen Temperaturbereich (ca. 700–1000 °C). Bei der Diffusionstechnik

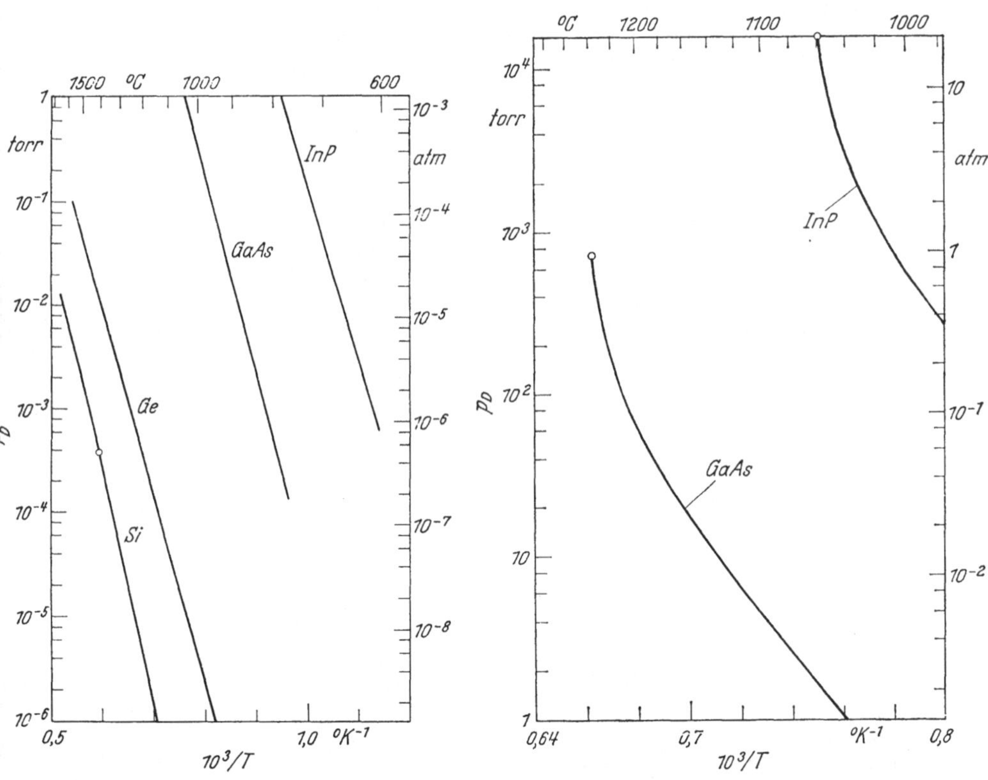

Abb. 2.6 a. Dampfdruck über Silizium, Germanium, Galliumarsenid und Indiumphosphid

Abb. 2.6 b. Dampfdruck über Galliumarsenid und Indiumphosphid (nach [2.10])

sind daher Vorkehrungen gegen eine Zersetzung des Halbleitermaterials zu treffen. Im Bereich der Betriebstemperaturen normaler Halbleiterbauelemente ($\leq$ 300 °C) ist dagegen eine Zersetzung nicht zu befürchten.

2.2 Eigenschaften des dotierten Galliumarsenids

In Tab. 2.2 sind einige Eigenschaften der wichtigsten Störstellen in Galliumarsenid aufgeführt. Die Zahlenwerte der Verteilungskoeffizienten (Verhältnis der Konzentrationen in der festen und der flüssigen Phase) gelten bei Kristallisation aus stöchiometrischer Schmelze und sind in gewissem Umfang von den experimentellen Bedingungen (Wachstumsgeschwindigkeit, Kristallorientierung etc.) abhängig. Die in Tab. 2.2 angegebenen Werte beziehen sich vorwiegend auf die Zugtechnik mit einem Kristallwachstum in der $\langle 111 \rangle$-Richtung (s. Kap. 4.2) und einer Wachstumsrate von 2 cm/h [2.11].

Tabelle 2.2. *Eigenschaften der wichtigsten Störstellen in Galliumarsenid ($A = Akzeptoren$, $D = Donatoren$). Nach [2.1], [2.11], [2.12], [2.26]*

	Atomradius [Å]	Verteilungskoeffizient	Aktivierungsenergie [eV]	Störstellentyp
Be	1,06	3		A
Mg	1,40	0,1	0,013	A
Zn	1,31	0,4	0,024	A
Cd	1,48	$< 0,02$*	0,021	A
S	1,04	0,30		D
Se	1,14	0,30	0,003**	D
Te	1,32	0,06	0,005**	D
Si	1,17	0,14	0,002**	D
			0,026	A
Ge .	1,22	0,01		D
			0,08	A
Sn	1,40	0,08		D
O	0,66		0,80	D
Mn	1,40	0,02	0,094	A
Cu	1,35	$< 0,02$	0,02; 0,15; 0,24; 0,51	A
Fe		2×10^{-3}	0,37; 0,52	A
Cr		6×10^{-4}	0,75	A
(Ga)	1,26			
(As)	1,18			

* Vermutlich kein linearer Zusammenhang zwischen Konzentrationen in flüssiger und fester Phase [2.11].

** Sehr unsichere Werte.

Die Elemente der II. Gruppe des Periodischen Systems substituieren Galliumatome im GaAs-Gitter und wirken daher als Akzeptoren. Eingehendere Untersuchungen über das Verhalten dieser Substitutionsstörstellen liegen bisher nur für Zink und Cadmium vor. Die Löslichkeit von Zink in Galliumarsenid ist sehr hoch ($\approx 10^{21}$ cm^{-3}). Wie Abb. 2.7 zeigt, entspricht die Konzentration der Löcher genau derjenigen des im Galliumarsenid enthaltenen Zinks (bis $N_A \approx 10^{19}$ cm^{-3}). Die Löslichkeit von Cadmium in Galliumarsenid ist wesentlich geringer (5 $\times$

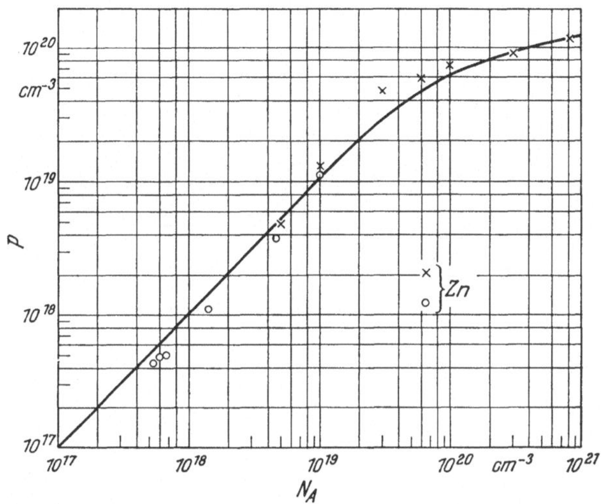

Abb. 2.7. Löcherdichte in Abhängigkeit von der Zinkkonzentration (nach [2.14], [2.15])

10^{19} cm^{-3}). Ein merklicher Anteil des Cadmiums kann in elektrisch inaktiver Form eingebaut sein.

Die Elemente der VI. Gruppe des Periodischen Systems substituieren Arsenatome und wirken als Donatoren. Abb. 2.8 zeigt die Abhängigkeit der Elektronendichte von der Donatorenkonzentration N_D. Oberhalb $N_D = 10^{18}$ cm^{-3} ist nur ein Teil der Störstellen elektrisch wirksam. Es wird angenommen, daß sich Komplexe aus Ga-Leerstellen (V_{Ga}) und Atomen der Gruppe VI bilden, beispielsweise $V_{Ga}Se_3$ [2.16].

Die Elemente der IV. Gruppe sind amphoter, d.h. sie können auf Ga-Plätzen oder auf As-Plätzen in das GaAs-Gitter eingebaut werden. Bei Zinn erfolgt der Einbau stark überwiegend auf Ga-Plätzen, d.h. Zinn wirkt als Donator. Silizium wird normalerweise — insbesondere bei Kristallisation aus stöchiometrischer Schmelze — ebenfalls vorwiegend als Donator eingebaut (maximal erreichbare Elektronenkonzentration: 5 $\times$ 10^{18} cm^{-3}, Abb. 2.8). Unter speziellen Bedingungen (Kristallisation aus der Schmelze mit Ga-Überschuß) kann durch Si-Dotierung auch p-leitendes Material hergestellt werden (siehe Kap. 6.1). Germanium wird als Dotierungselement bei Kristallisation aus stöchiometrischer Schmelze zu nahezu gleichen Teilen auf Donator- und Akzeptorplätzen eingebaut, wobei der Donatoranteil etwas überwiegt; es resultiert stark kompensiertes n-Galliumarsenid [2.20]. Über den Einbau von Kohlenstoff liegen noch keine abschließenden Untersuchungen vor; man nimmt vorwiegend Akzeptorverhalten an.

Durch Dotierung mit dem verhältnismäßig tief liegenden Akzeptor Mangan wird p-leitendes Galliumarsenid erzeugt, das — insbesondere bei tiefen Temperaturen — nur eine geringe Löcherkonzentration auf-

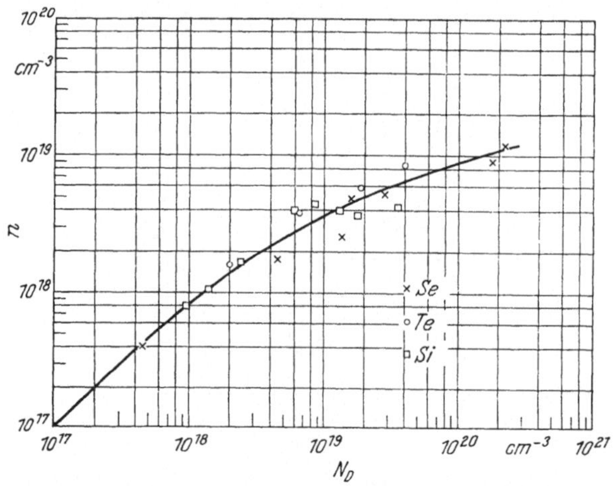

Abb. 2.8. Elektronendichte in Abhängigkeit von der Donatorenkonzentration (nach [2.17], [2.18], [2.19])

weist. Die Dotierung mit Eisen oder Chrom dient vornehmlich zur Herstellung von hochohmigem („halbisolierendem") Material [2.21]. Es ist hierbei erforderlich, daß die Konzentration N_{AA} der *tiefliegenden Akzeptoren* (Eisen, Chrom), diejenige der restlichen *flachen Donatoren* übertrifft, d.h. $N_{AA} > N_D - N_A$ (Abb. 2.9a). Auch durch Einbau von Sauerstoff, welcher ein tiefliegendes Donatorniveau bildet, kann hochohmiges Galliumarsenid hergestellt werden, wenn dafür gesorgt wird, daß die Restkonzentration der *flachen Donatoren* geringer ist als diejenige der *flachen Akzeptoren* (Abb. 2.9b), [2.22].

Die in Tab. 2.2 aufgeführten Werte für die Aktivierungsenergie der „flachen" Akzeptoren und Donatoren beziehen sich auf den Grenzfall sehr schwacher Dotierung bzw. geben die beim gegenwärtigen Stand der Technologie erreichten Maximalwerte an. Mit zunehmender Störstellenkonzentration entstehen aus den Störstellenniveaus Bänder, so daß die gemessene Aktivierungsenergie abnimmt (Abb. 2.10). Die Störstellenbänder überlappen bei höherer Störstellenkonzentration mit dem Leitungs- und dem Valenzband. Die Aktivierungsenergie wird Null, und man erhält ein Material mit verringertem effektivem Bandabstand $E_G'(N_A, N_D)$. Dabei werden die Bandkanten merklich modifiziert. Anstelle des parabolischen Verlaufs der Zustandsdichte an den Band-

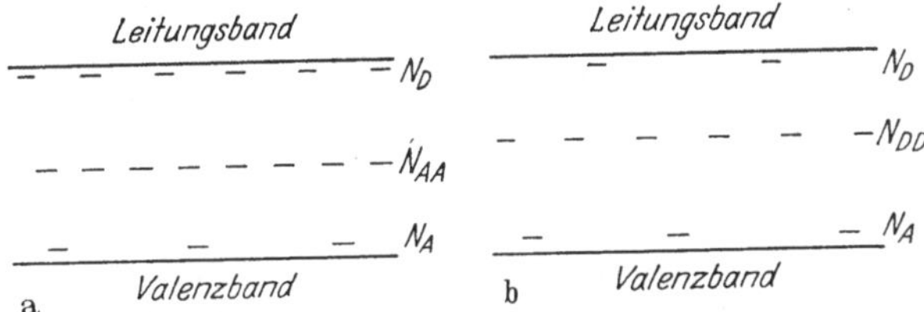

Abb. 2.9. Energieniveaus in hochohmigem Galliumarsenid. a) Kompensation mit tiefliegenden Akzeptoren: $N_{AA} > N_D - N_A > 0$. b) Kompensation mit tiefliegenden Donatoren: $N_{DD} > N_A - N_D > 0$

kanten treten „Bandausläufer" auf, die sich unter exponentieller Abnahme der Zustandsdichte — je nach Dotierungshöhe — bis etwa 0,06 eV in die verbotene Zone hinein erstrecken [2.24].

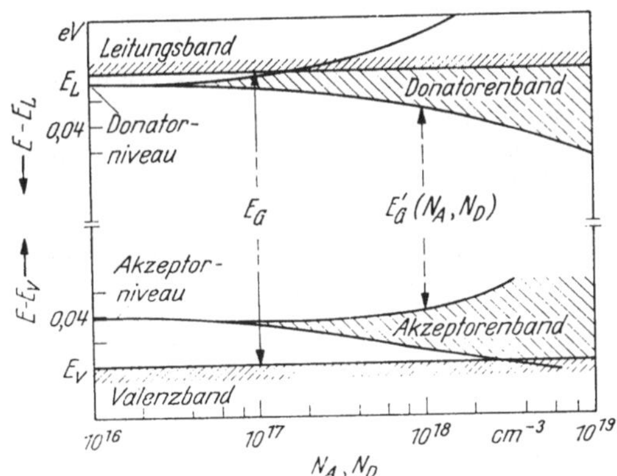

Abb. 2.10. Aufspaltung der Störstellenniveaus zu Störbändern und Überlappung mit dem Valenz- und dem Leitungsband (schematisch, nach [2.23])

Für die Berechnung der elektrischen Eigenschaften von Halbleiterbauelementen ist die Kenntnis der Beweglichkeitsdaten in Abhängigkeit von der Dotierung erforderlich. Abb. 2.11 zeigt die von EHRENREICH [2.25] unter Berücksichtigung der Streuung durch optische Phononen und ionisierte Störstellen berechnete Elektronenbeweglichkeit in Galliumarsenid. Zum Vergleich sind Kurven für die Elektronenbeweglichkeit in Germanium und Silizium eingezeichnet.

Die theoretisch erreichbaren Werte der Elektronenbeweglichkeit können heute im Laboratorium mit einigem Aufwand annähernd reali-

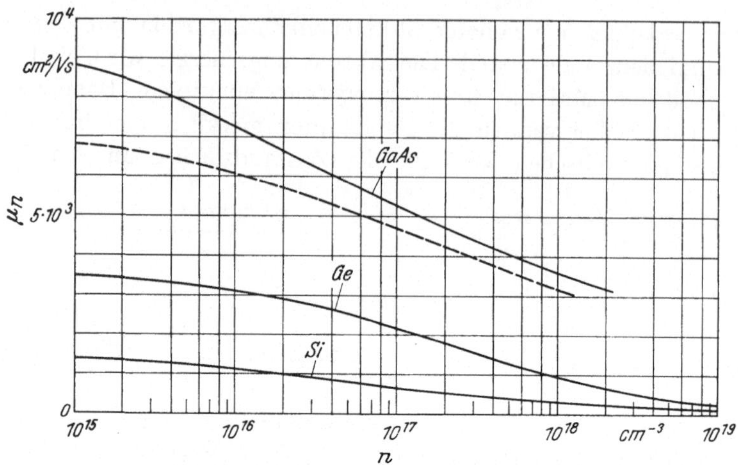

Abb. 2.11. Abhängigkeit der Elektronenbeweglichkeit von der Elektronenkonzentration für Galliumarsenid (EHRENREICH [2.25]), Germanium und Silizium. Gestrichelt: kommerziell angebotenes Galliumarsenid

siert werden. Bei kommerziell angebotenem Galliumarsenid findet man jedoch noch erhebliche Streuungen der Beweglichkeitsdaten, insbesondere im Bereich unter $n = 5 \times 10^{16}$ cm^{-3}. Die gestrichelte Kurve in Abb. 2.11 ist aus Mittelwerten von rd. 1000 kommerziell angebotenen GaAs-Kristallen nach dem Stande von Ende 1967 gebildet [2.26].

Abb. 2.12 zeigt die Abhängigkeit der Löcherbeweglichkeit von der Dotierung.

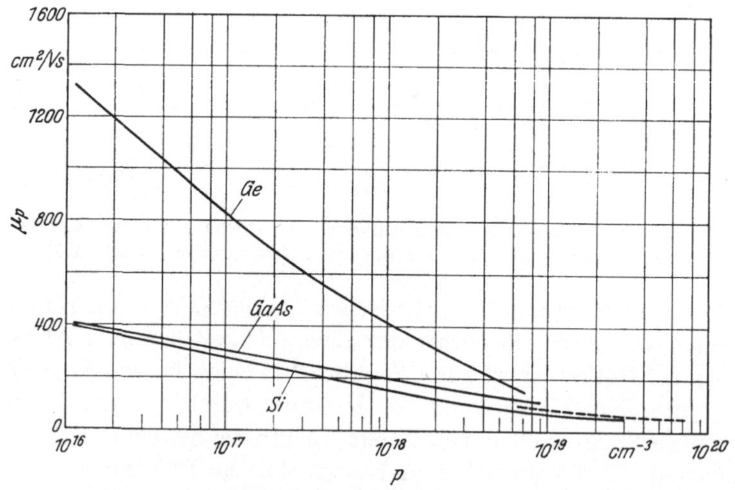

Abb. 2.12. Abhängigkeit der Löcherbeweglichkeit von der Löcherkonzentration für Galliumarsenid, Germanium und Silizium. Gestrichelt: Messungen an Zn-diffundierten Schichten (nach [2.27])

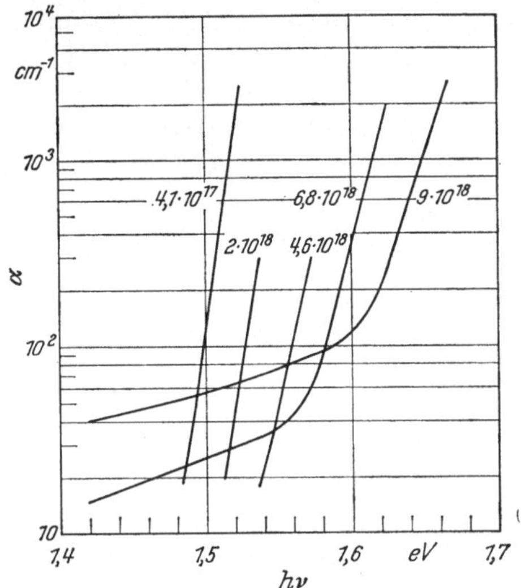

Abb. 2.13. Absorptionskonstante von n-Galliumarsenid in Abhängigkeit von der Photonenenergie bei verschiedener Dotierung (77° K, nach [2.28])

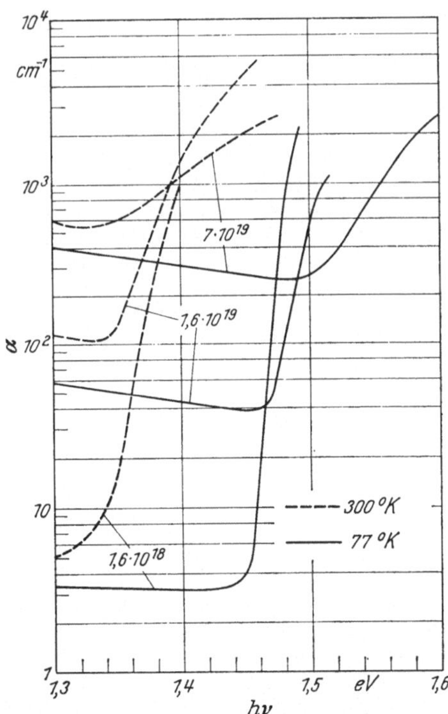

Abb. 2.14. Absorptionskonstante von p-Galliumarsenid in Abhängigkeit von der Photonenenergie bei verschiedener Dotierung (nach [2.29])

Der Verlauf der optischen Absorptionskonstanten von n- und p-leitendem Galliumarsenid ist in Abb. 2.13 und 2.14 wiedergegeben. Bei n-Material ergibt sich infolge der Auffüllung des Leitungsbandes eine mit ansteigender Dotierung zunehmende Verschiebung der Bandkante in Richtung auf höhere Photonenenergien (BURSTEIN-Verschiebung). Bei p-Material ist — infolge geringerer effektiver Masse der Löcher — der Einfluß der BURSTEIN-Verschiebung weniger ausgeprägt. Unter bestimmten Bedingungen überwiegt die in entgegengesetzter Richtung wirkende Abnahme des effektiven Bandabstandes mit steigender Dotierung (Abb. 2.10). Kompensiertes Material weist einen flacheren Verlauf der Bandkante auf [2.30]. Für eine eingehendere Diskussion der optischen Eigenschaften sei auf [2.1], [2.6] und [2.31] verwiesen.

Zur Lebensdauer von Überschußladungsträgern in Galliumarsenid siehe Kap. 4.5, Tab. 4.4.

Literatur Kapitel 2

[2.1] MADELUNG, O.: Physics of III-V Compounds. New York: John Wiley, 1964.
[2.2] CONWELL, E. M.: Proc. IRE **40**, 1327 (1952); Proc. IRE **46**, 1281 (1958).
[2.3] BENOIT á la GUILLAUME, C.: Selected Constants Relative to Semiconductors. New York: Pergamon Press, 1961.
[2.4.] RUNYAN, W. R.: Silicion Semiconductor Technology. New York: McGraw Hill 1965.
[2.5] WILLARDSON, R. K., and A. C. BEER: Semiconductors and Semimetals, Vol. 1. New York und London: Academic Press, 1966.
[2.6] WILLARDSON, R. K., and A. C. BEER: Semiconductors and Semimetals, Vol. 2. New York und London: Academic Press, 1966.
[2.7] KREHER, K.: Fortschr. Phys. **12**, 489 (1964).
[2.8] HALL, R. N., and J. H. RACETTE: J. Appl. Phys. **35**, 379 (1964).
[2.9] STURGE, M. D.: Phys. Rev. **127**, 768 (1962).
[2.10] RICHMAN, D.: J. Phys. Chem. Solids **24**, 1131 (1963).
[2.11] WILLARDSON, R. K., and W. P. ALLRED: Gallium Arsenide: 1966 Symposium Proceedings. Institute of Physics and Physical Society, 35.
[2.12] HAISTY, R. W., and G. R. CRONIN: Physics of Semiconductors. Paris: Dunod, 1964, p. 1161.
[2.13] BOLGER, D. E., J. FRANKS, J. GORDON and J. WHITAKER: Gallium Arsenide: 1966 Symposium Proceedings. Institute of Physics and Physical Society, 16.
[2.14] RUEHRWEIN, R. A., and A. S. EPSTEIN: The Electrochem. Soc., Spring Meeting 1962.
[2.15] ERMANIS, F., and K. WOLFSTIRN: J. Appl. Phys. **37**, 1963 (1966).
[2.16] SCHOTTKY, G.: J. Phys. Chem. Solids **27**, 1721 (1966).
[2.17] VIELAND, L. J., and I. KUDMAN: J. Phys. Chem. Solids, **24**, 437 (1963).
[2.18] FANE, R. W., and A. J. GOSS: Solid-State Elctron. **6**, 383 (1963).
[2.19] WHELAN, J. M. , J. D. STRUTHERS and J. A. DITZENBERGER: Internat. Conference on Semiconductors, Prag 1961, p. 943.
[2.20] VIELAND, L. J., and T. SEIDEL: J. Appl. Phys. **33**, 2414 (1962).
[2.21] CRONIN, G. R., and R. W. HAISTY: J. Electrochem. Soc., **111**, 874 (1964).
[2.22] GOOCH, C. H., C. HILSUM and B. R. HOLEMAN: J. Appl. Phys. **32**, 2069 (1961).

[2.23] LUCOVSKY, G., and A. J. VARGA: J. Appl. Phys. **35**, 3419 (1964).
[2.24] TUCK, B.: J. Phys. Chem. Solids **29**, 615 (1968).
[2.25] EHRENREICH, H.: Phys. Rev. **120**, 1951 (1960).
[2.26] SZE, S. M., and J. C. IRVIN: Solid-State Electron. **11**, 599 (1968).
[2.27] GOOCH, C. H.: Phys. Letts. **14**, 183 (1965).
[2.28] HILL, D. E.: Phys. Rev. **133**, A 866 (1964).
[2.29] TURNER, W. J., and W. E. REESE: J. Appl. Phys. **35**, 350 (1964).
[2.30] LUCOVSKY, G., A. J. VARGA and R. F. SCHWARZ: Solid-State Comm. **3**, 9 (1965).
[2.31] WILLARDSON, R. K., and A. C. BEER: Semiconductors and Semimetals, Vol. 3. New York und London: Academic Press, 1967.

3. Galliumarsenid als Grundmaterial für elektronische Bauelemente

In den folgenden Abschnitten soll die Eignung des Halbleitermaterials Galliumarsenid für die Herstellung verschiedener elektronischer Bauelemente diskutiert werden. Hierbei ist von den in Kap. 2 aufgeführten Eigenschaften der Bandstruktur, der Ladungsträgerbeweglichkeit etc. auszugehen. Probleme der Technologie sollen an dieser Stelle nur andeutungsweise behandelt werden.

Eine Übersicht über die Zusammenhänge zwischen den wichtigsten physikalischen Eigenschaften des Halbleitermaterials und der Eignung für verschiedene Halbleiterbauelemente ist in Abb. 3 dargestellt. Da für ein bestimmtes Bauelement stets mehrere Materialeigenschaften maßgebend sind, ist eine Zusammenfassung von Bauelementen unter gemeinsamen Merkmalen des Halbleiters nicht ohne Willkür möglich.

3.1 Dioden und Transistoren

Die in diesem Abschnitt behandelten Bauelemente können grundsätzlich auch aus elementaren Halbleitern hergestellt werden. Für bestimmte Anwendungsbereiche sind jedoch günstigere Eigenschaften der Bauelemente durch Verwendung von Galliumarsenid als Grundmaterial zu erreichen bzw. mit fortschreitender Verbesserung der GaAs-Technologie zu erwarten.

GaAs-Dioden für Detektor-, Misch- und Vervielfacherschaltungen sind im Millimeter- und Submillimeterwellenbereich infolge der höheren Ladungsträgerbeweglichkeit den entsprechenden Si- und Ge-Bauelementen überlegen [3.1]. Es handelt sich hierbei im allgemeinen um formierte Spitzenkontakte, jedoch werden in zunehmendem Maße auch durch Aufdampfen, Kathodenzerstäubung oder Elektrolyse hergestellte

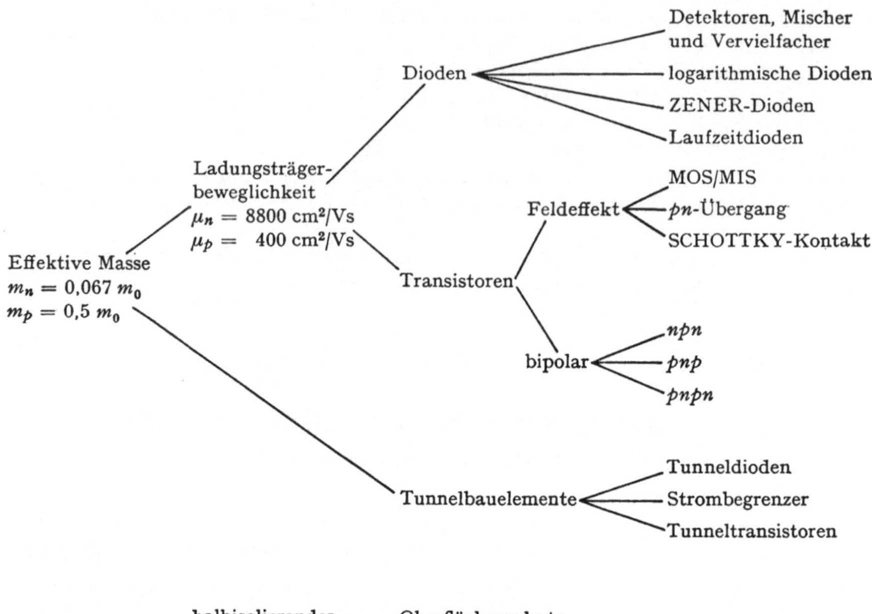

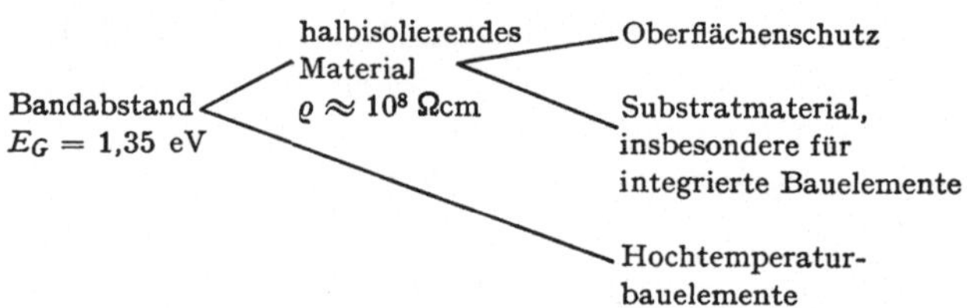

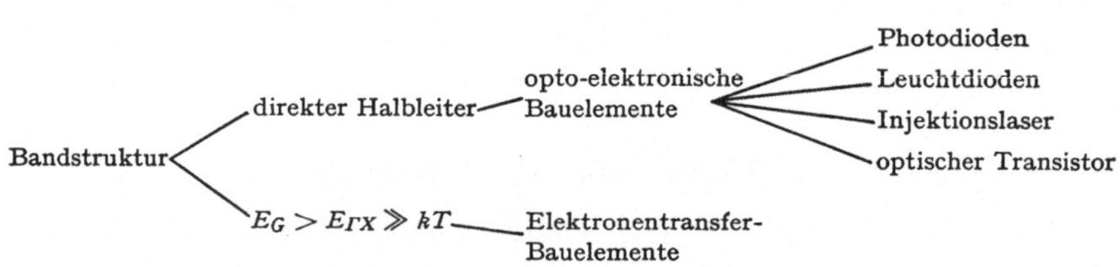

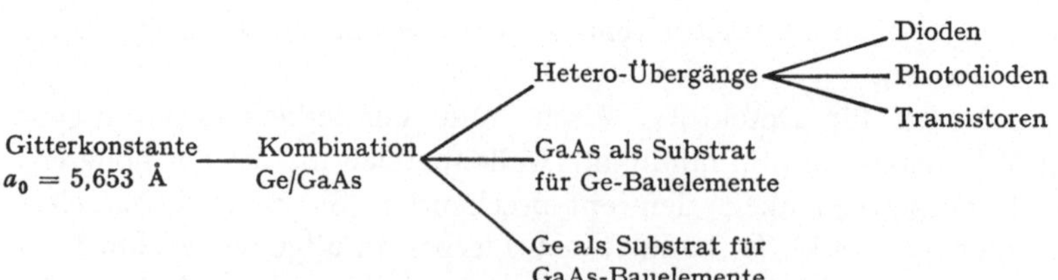

Abb. 3. Eigenschaften des Galliumarsenids und die daraus resultierende Eignung für verschiedene Halbleiterbauelemente

Metall-Halbleiter-Kontakte („Schottky-Kontakte") verwendet*. Die Spannungsabhängigkeit der Kapazität dieser Dioden entspricht derjenigen eines abrupten pn-Überganges. In Durchlaßrichtung erfolgt keine Injektion von Minoritätsladungsträgern, so daß Ladungsspeicherungseffekte vermieden werden. Mit fortschreitender Verfeinerung der photolithographischen Technik kann die Kontaktfläche der Schottky-Dioden derjenigen herkömmlicher Spitzenkontakte angeglichen werden [3.2].

Der bisher erfolgreichste Einsatz von GaAs-Dioden ist in rauscharmen (gekühlten) parametrischen Verstärkern zu verzeichnen. Galliumarsenid behält — im Gegensatz zu Germanium und Silizium — auch bei geringer Dotierung ($\approx 10^{16}$ cm^{-3}) seine Leitfähigkeit bis zu sehr tiefen Temperaturen bei.

Infolge der geringen Eigenkonzentration n_i des Galliumarsenids können Dioden mit extrem kleinen Sättigungsströmen hergestellt werden. Derartige Dioden besitzen eine exponentielle Stromspannungscharakteristik über mehr als acht Zehnerpotenzen; sie sind daher für logarithmische Anzeigegeräte geeignet. Geringe Sperrströme dürften auch bei speziellen Anwendungen von GaAs-Zener-Dioden vorteilhaft sein. Ein Vergleich mit Si-Zener-Dioden bezüglich Effektivität der Spannungsstabilisierung und Verhalten bei hohen Leistungen steht noch aus. Anwendungsmöglichkeiten von Galliumarsenid für Starkstromgleichrichter wurden bisher ebenfalls noch nicht untersucht.

Für die Herstellung von Feldeffekttransistoren ist insbesondere n-leitendes Galliumarsenid geeignet, da für diese Bauelemente — im Gegensatz zu bipolaren Transistoren — nur die Beweglichkeit der *Majoritätsladungsträger* maßgebend ist. Die Herstellung wird dadurch erleichtert, daß keine Anforderungen an die Lebensdauer von injizierten *Minoritätsladungsträgern* gestellt werden. Für die Gestaltung der Steuerelektrode gibt es drei Möglichkeiten:

1. isolierte Steuerelektrode (MOS- bzw. MIS-Transistor), 2. gesperrter pn-Übergang und 3. Schottky-Kontakt. Von diesen drei Möglichkeiten erscheint bei Galliumarsenid die Verwendung von Schottky-Kontakten besonders aussichtsreich [3.4]. Hochfrequenztechnisch günstig ist die Verwendung von hochohmigem Galliumarsenid als Substratmaterial, da sich bei Feldeffekttransistoren parasitäre Kapazitäten besonders schädlich auswirken.

Bei bipolaren Transistoren ist für die obere Frequenzgrenze die Beweglichkeit *beider* Ladungsträgerarten maßgebend. Unter der stark vereinfachenden Annahme, daß in einem bipolaren Transistor lediglich die Trägerlaufzeit in der Basis und die durch Basiswiderstand und

---

* Zur Theorie der Metall-Halbleiter-Kontakte siehe z.B. E. Spenke [3.3].

Kollektorkapazität gebildete Zeitkonstante $r_b C_c$ als frequenzbegrenzende Effekte auftreten, ergibt sich für die obere Grenze der Leistungsverstärkung

$$f_{\max}^2 \sim \frac{\mu_n \mu_p}{\sqrt{\varepsilon_r}} , \tag{3.1}$$

wenn Transistoren gleicher Geometrie und Dotierung bei gleichen Betriebsbedingungen verglichen werden [3.5]. Aus Abb. 2.11 und 2.12 ergeben sich z. B. für eine Basisdotierung von 10^{17} cm^{-3} die in Tab. 3.1 aufgeführten Werte.

Tabelle 3.1. *Ladungsträgerbeweglichkeiten, relative Dielektrizitätskonstante und „Güteziffer"* $\mu_n \mu_p / \varepsilon_r^{1/2}$ *für Germanium, Silizium und Galliumarsenid*

	μ_n	μ_p	ε_r	$\mu_n \mu_p / \varepsilon_r^{1/2}$
Ge	2100	820	16	$4{,}3 \times 10^5$
Si	650	270	12	$5{,}1 \times 10^4$
GaAs	5000	300	11,5	$4{,}4 \times 10^5$

Ein Vergleich der „Güteziffern" gemäß Tab. 3.1 zeigt, daß bei Galliumarsenidtransistoren etwa die gleiche Frequenzgrenze wie bei Germaniumtransistoren zu erwarten ist, während gegenüber Siliziumtransistoren eine Steigerung der Frequenzgrenze um etwa den Faktor drei erreicht werden sollte.

Andere Abschätzungen gehen nicht von der Leistungsverstärkung, sondern von einer additiven Verknüpfung der Trägerlaufzeit durch die Basis (τ_b) und der Zeitkonstanten $r_b C_c$ aus. Bei optimaler Basisdicke ergibt sich dann für pnp-Transistoren

$$\tau_b + r_b C_c \sim (\mu_n{}^2 \mu_p)^{-1/3} . \tag{3.2}$$

In diesem Falle überwiegt der Einfluß der Beweglichkeit der Majoritätsladungsträger in der Basis. Als „Güteziffern" $(\mu_n{}^2 \mu_p)^{1/3}$ ergeben sich hierbei die Werte $1{,}5 \times 10^3$ (Ge), $4{,}9 \times 10^2$ (Si) und 2×10^3 (GaAs).

Eine Abschätzung für die obere Grenze der Arbeitstemperatur bipolarer Transistoren wird aus der Formel für die Eigenkonzentration

$$n_i^2 = N_V N_L \, e^{-E_G/kT} \tag{3.3}$$

erhalten. Hierin sind N_V und N_L die effektiven Termdichten an der Oberkante des Valenzbandes und an der Unterkante des Leitungsbandes

$$N_V = 2 \left(\frac{2 \pi k T m_p}{h^2} \right)^{3/2} \tag{3.4}$$

$$N_L = 2 \left(\frac{2 \pi k T m_n}{h^2} \right)^{3/2} \tag{3.5}$$

($k =$ Boltzmannkonstante, $T =$ absolute Temperatur, $h =$ Plancksches Wirkungsquantum). Die effektiven Massen m_n und m_p sind aus Tab. 2.1 zu entnehmen.

Setzt man als obere Grenze der zulässigen Eigenkonzentration den Wert $n = 5 \times 10^{14}\,\mathrm{cm}^{-3}$ an, so ergeben sich für die obere Grenze der Arbeitstemperatur aus Gl. (3.3) unter Berücksichtigung der Temperaturabhängigkeit des Bandabstandes die in Tab. 3.2 aufgeführten Werte.

Tabelle 3.2. *Maximale Arbeitstemperatur bei Germanium-, Silizium- und Galliumarsenidbauelementen.*

	Ge	Si	GaAs
max. Arbeitstemp.	100 °C	250 °C	420 °C

Aus Tab. 3.2 ist die prinzipielle Eignung von Galliumarsenid für Hochtemperaturbauelemente zu ersehen.

Die vorstehenden Abschätzungen können nur als grobe Näherungen angesehen werden. Vernachlässigt wurden u. a. die bei hohen Feldstärken auftretende Sättigung der Trägergeschwindigkeit, sowie der Einfluß unterschiedlicher Wärmeableitung (bei Silizium sehr günstig).

Galliumarsenid ist ein im Prinzip besonders geeignetes Halbleitermaterial für Bauelemente, die auf dem Tunneleffekt beruhen. Aus der geringen effektiven Masse resultiert eine hohe Tunnelwahrscheinlichkeit bei pn-Übergängen mit beiderseitig entartetem Material. Es lassen sich daher GaAs-Tunneldioden herstellen, bei denen das Verhältnis Spitzenstrom : Talstrom extrem hoch ist (> 50). Gegenüber Ge-Tunneldioden ergibt sich ferner ein größerer Spannungshub beim Umschalten vom Tunnelstrombereich in den Injektionsstrombereich.

Beim Betrieb von GaAs-Tunneldioden hat sich allerdings gezeigt, daß sich das Verhältnis Spitzenstrom : Talstrom fortlaufend verschlechtert, wenn die Dioden bis in den Injektionsstrombereich hinein ausgesteuert werden. Die Ursachen hierfür sind noch nicht vollständig geklärt. Es wird jedoch angenommen, daß es sich hierbei um einen prinzipiell nicht vermeidbaren Effekt (Umlagerung von Störstellen) handelt, welcher durch die verhältnismäßig hohe Energie (1,35 eV) bei der Rekombination der Ladungsträger ausgelöst wird [3.6]. GaAs-Tunneldioden können daher nur in solchen Schaltungen eingesetzt werden, bei denen der Injektionsstrombereich vermieden wird, z.B. für lineare Verstärker.

Beim Betrieb von GaAs-Dioden im Bereich des Lawinendurchbruchs können nach dem Prinzip der READ-Diode bei geeigneter äußerer Beschaltung Mikrowellen erzeugt werden (Laufzeit- oder IMPATT-Diode*

---

* IMPATT = **Imp**act **A**valanche **I**onization **T**ransit **T**ime.

2*

[3.7]). Infolge der gegenüber der Si-Technologie noch mangelhaften Beherrschung des GaAs-Materials sind jedoch bei GaAs-Laufzeitdioden derzeit keine Vorteile gegenüber entsprechenden Si-Bauelementen zu erwarten.

Als Folge des hohen Bandabstandes von Galliumarsenid ergibt sich die Möglichkeit, durch Einbau von Störstellen mit tiefliegenden Niveaus ein Material mit Isolatoreigenschaften zu erhalten. Ein derartiges Material kann beispielsweise als Substrat für integrierte GaAs-Bauelemente oder zum Oberflächenschutz von GaAs-Transistoren etc. verwendet werden. Es ist somit möglich, Bauelemente und Schaltkreise herzustellen, die — mit Ausnahme der metallischen Verbindungen — nur *ein* Grundmaterial enthalten.

3.2 Opto-elektronische Bauelemente

Bei der Wechselwirkung zwischen elektromagnetischer Strahlung und Ladungsträgern im Halbleiter ist die Bandstruktur des Halbleiters von wesentlicher Bedeutung. Für die Erzeugung von Elektron-Loch-Paaren durch Lichtabsorption ist eine Mindestenergie der Photonen notwendig, die dem Abstand zwischen dem Maximum des Valenzbandes und dem niedrigsten Minimum des Leitungsbandes entspricht, d.h. die Absorptionskante verschiebt sich mit steigendem Bandabstand zu kürzeren Wellenlängen. Dementsprechend liegt auch das Maximum der spektralen Empfindlichkeit von GaAs-Photodioden bei einer höheren Photonenenergie als bei entsprechenden Si- und Ge-Bauelementen [3.8]. GaAs-Photozellen sind in ihrer Empfindlichkeit nahezu optimal an das Spektrum des Sonnenlichtes angepaßt [3.9].

Tabelle 3.3. *Empfindlichkeitsmaximum bei Germanium-, Silizium- und Galliumarsenidphotodioden*

	Ge	Si	GaAs	
Empfindlichkeitsmaximum {	1,3 —1,7	0,85—1	≈ 0,8	Wellenlänge [μm]
	0,75—1,0	1,2 —1,5	≈ 1,55	Photonenenergie [eV]

Der umgekehrte Prozeß (Lichtemission durch Elektron-Loch-Rekombination) ist stark von der relativen Lage der Bandextrema im *k*-Raum abhängig. Während bei „indirekten" Halbleitern (Bandextrema von Valenz- und Leitungsband bei verschiedenen *k*-Werten) die Rekombination überwiegend strahlungslos abläuft, kann bei „direkten" Halbleitern

(Bandextrema beim gleichen k-Wert, meist $k = 0$) die Rekombinationsenergie fast vollständig in Form von Licht abgegeben werden. Die „direkten" Halbleiter, insbesondere Galliumarsenid und Indiumphosphid, sind daher zur Herstellung von Leuchtdioden besonders geeignet. Bei GaAs-Leuchtdioden wird bei Zimmertemperatur eine (externe) Quantenausbeute bis 20 % erreicht [3.10]. Das Maximum der emittierten Strahlung liegt im nahen Ultrarot bei rd. 9000 Å und ist somit gut an das Empfindlichkeitsmaximum von Si-Photodioden angepaßt.

Infolge der hohen Quantenausbeute der Rekombination — insbesondere bei tiefen Temperaturen — ist es bei direkten Halbleitern möglich, kohärente Strahlung durch stimulierte Emission zu erhalten. Die Anregung kann optisch, durch Elektronenbeschuß oder durch Ladungsträgerinjektion erfolgen. Die Technologie des Injektionslasers ist bei Galliumarsenid am weitesten fortgeschritten. Die gegenwärtige Entwicklung ist vorwiegend darauf ausgerichtet, den Schwellenstrom für den Einsatz stimulierter Emission so weit herabzusetzen, daß ein Dauerbetrieb auch bei Zimmertemperatur ermöglicht wird.

Durch Kombination eines lichtemittierenden pn-Überganges mit einer Photodiode erhält man ein leistungsverstärkendes Bauelement (optischer Transistor [3.11]). Eingang und Ausgang können dabei galvanisch vollständig entkoppelt sein.

3.3 Elektronentransfer- (GUNN-Effekt-) Bauelemente

Das Leitungsband des Galliumarsenids (s. Abb. 2.3) weist ein tiefstes Minimum bei $k = 0$ (Γ-Minimum) auf, während das nächsthöhere, sechsfach entartete Minimum (X-Minimum) entlang der $\langle 100 \rangle$-Richtung um $E_{\Gamma X} = 0{,}36$ eV höher liegt. Die Beweglichkeit der Elektronen ist bei $k = 0$ am größten (für sehr reines Material $\mu_{n\Gamma} \approx 8000$ cm²/Vs), im X-Minimum dagegen erheblich geringer ($\mu_{nX} \approx 200$ cm²/Vs). Wegen $E_{\Gamma X} \gg kT$ ist im thermischen Gleichgewicht nur das Γ-Minimum besetzt, d.h. die Beweglichkeit aller Elektronen ist $\mu_n = \mu_{n\Gamma}$. Bei höheren Feldstärken wird ein Teil der Elektronen in das X-Minimum überführt. Infolge der geringen Beweglichkeit der Ladungsträger im X-Minimum nimmt die Leitfähigkeit des Materials ab. Es existiert somit im Galliumarsenid ein Feldstärkebereich mit negativem differentiellen Widerstand.

Die Zeitkonstante für die Umbesetzung der Leitungsbandminima ist außerordentlich klein ($\tau_{\Gamma X} \approx 10^{-12}$ s), so daß Mikrowellen erzeugt und verstärkt werden können, wenn in einer n-leitenden GaAs-Probe ein hinreichendes Feld aufrechterhalten wird. Durch geeignete Wahl der Probenabmessungen, der Dotierung und der äußeren Beschaltung können verschiedene Betriebsarten realisiert werden.

Die mit dem Elektronentransfer in speziellen Halbleitern verknüpften Effekte — insbesondere das Auftreten von Feldstärkebereichen mit negativem differentiellen Widerstand — haben zunächst RIDLEY und WATKINS [3.12] und HILSUM [3.13] theoretisch untersucht. Hochfrequente Schwingungen an sperrfrei kontaktiertem n-Galliumarsenid wurden zuerst von GUNN beobachtet [3.14]. Die Anforderungen an das Halbleitermaterial sind in allgemeiner Form wie folgt zu beschreiben:

a) Die Beweglichkeit der Elektronen soll im niedrigsten Minimum des Leitungsbandes wesentlich größer sein als in dem nächsthöheren Minimum.

b) Der energetische Abstand E_{12} zwischen dem niedrigsten Minimum des Leitungsbandes und dem nächsthöheren Minimum soll so groß sein, daß die Beziehung

$$kT \ll E_{12} < E_G \tag{3.6}$$

erfüllt ist.

Tab. 3.4 zeigt eine Aufstellung von Halbleiterwerkstoffen, bei denen Oszillationen, die auf dem GUNN-Effekt beruhen, nachgewiesen wurden. Technische Bedeutung haben bisher jedoch nur die mit Galliumarsenid hergestellten Elektronentransfer-Bauelemente erlangt.

Tabelle 3.4. *Bandstrukturdaten für Halbleiterwerkstoffe, bei denen der GUNN-Effekt realisiert wurde (F_k = kritische Feldstärke)*

Material	E_G [eV]	E_{12} [eV]	F_k [kV/cm]
InP	1,26	0,4	7
GaAs	1,35	0,36	3,2
CdTe	1,5	0,6	13
ZnSe	2,5	1,3	38

3.4 Germanium-Galliumarsenid-Heterobauelemente

Infolge der weitgehenden Übereinstimmung der Gitterkonstanten und der Ausdehnungskoeffizienten von Germanium und Galliumarsenid (siehe Tab. 2.1) ist es möglich, Strukturen herzustellen, die einen nahezu abrupten Übergang von Germanium auf Galliumarsenid enthalten („Heteroübergänge"). Die Breite der Übergangszone ist vor allem durch die Diffusion der beteiligten Komponenten (Ge, Ga, As) während des Aufwachsprozesses (z.B. bei der Epitaxie von Germanium auf Galliumarsenid) bedingt. Heteroübergänge sind außerdem meist mit einer Anhäufung von Kristallbaufehlern behaftet.

Die Verwendung von Heteroübergängen ist vorwiegend für folgende Bauelemente in Betracht zu ziehen:

a) Dioden, insbesonders n-GaAs auf n-Ge [3.15]. Bei diesen Dioden erfolgt keine Injektion von Minderheitsladungsträgern; es treten keine Ladungsspeicherungseffekte auf.

b) Photodioden: Bei Hetero-Übergängen ist es günstig, Licht so einzustrahlen, daß der Halbleiter *größeren* Bandstandes (Galliumarsenid) ungeschwächt durchdrungen wird, jedoch in dem Halbleiter *kleineren* Bandabstandes (Germanium) starke Absorption erfolgt. Auf diese Weise ist es möglich, die Elektron-Loch-Paarbildung auf die unmittelbare Umgebung des pn-Überganges zu beschränken, auch dann, wenn der pn-Übergang tief im Innern des Halbleitermaterials liegt.

c) Transistoren mit Hetero-Emitter: Die Emitterwirksamkeit eines Transistors läßt sich theoretisch erheblich steigern, wenn für die Emitterzone ein Material verwendet wird, welches einen höheren Bandabstand als dasjenige der Basiszone besitzt [3.16]. In der Praxis ergeben sich jedoch Schwierigkeiten durch die bisher nicht vollständig vermeidbaren Kristallbaufehler an der Grenzfläche Germanium/Galliumarsenid.

Weitere Anwendungsmöglichkeiten für die Kombination Germanium/Galliumarsenid — ohne Ausnutzung der elektrischen Eigenschaften des Heteroüberganges — sind die folgenden:

a) Hochohmiges Galliumarsenid als Substratmaterial und als Oberflächenschutz für integrierte Ge-Bauelemente.

b) Niederohmiges Germanium als Substratmaterial mit Stromzuführung für GaAs-Bauelemente. Bei dieser Kombination wird — neben ökonomischen Vorteilen — die höhere mechanische Stabilität von Ge-Plättchen ausgenutzt [3.17].

Literatur Kapitel 3

[3.1]   BURRUS, C. A.: Proc. IEEE **54**, 575 (1966).
[3.2]   HOWELL, C. M.: Electronics **40**, No. 23, 123 (1967).
[3.3]   SPENKE, E.: Elektronische Halbleiter. Berlin/Heidelberg/New York: Springer 1965, 111.
[3.4]   MEAD, C. A.: Proc. IEEE **54**, 307 (1966).
[3.5]   GIACOLETTO, L. J.: RCA Rev. **16**, 34 (1955).
[3.6]   GOLD, R. D., and L. R. WEISBERG: Solid-State Electron. **7**, 811 (1964).
[3.7]   LIU, S. G.: Proc. IEEE **55**, 689 (1967).
[3.8]   LOFERSKI, J. J., and J. J. WYSOCKI: RCA Rev. **22**, 38 (1961).
[3.9]   HÄHNLEIN, A.: Nachrichtentechn. Z. **9**, 145 (1956).
[3.10]   BIARD, J. R., and H. STRACK: Electronics **40**, No. 23, 127 (1967).
[3.11]   RUTZ, R. F.: Proc. IEEE **51**, 470 (1963).
[3.12]   RIDLEY B. K., and T. B. WATKINS: Proc. Phys. Soc. **78**, 293 (1961).
[3.13]   HILSUM, C.: Proc. IRE **50**, 185 (1962).
[3.14]   GUNN, J. B.: Solid-State Comm. **1**, 88 (1963).
[3.15]   FANG, F. F., and W. E. HOWARD: J. Appl. Phys. **35**, 612 (1964).
[3.16]   KROEMER, H.: Proc. IRE **45**, 1535 (1957).
[3.17]   IM, S. S., J. U. BUTLER and D. A. CHANCE: IBM J. Res. Dev. **8**, 527 (1964).

4. Herstellung und Prüfung des Galliumarsenid-Grundmaterials

Zur Herstellung von GaAs-Einkristallen sind prinzipiell drei Verfahrensschritte notwendig:

1. Reinigung des Ausgangsmaterials,
2. Synthetisierung der Verbindung,
3. Kristallisation.

Die unter 2. und 3. genannten Schritte können in einem Prozeß vereinigt bzw. in der gleichen Apparatur durchgeführt werden.

Bei der Reinigung des Galliums wird zunächst von der Tatsache Gebrauch gemacht, daß Gallium einen sehr niedrigen Dampfdruck besitzt (10^{-3} torr bei 1000 °C). Durch Erhitzen im Vakuum werden die flüchtigen Verunreinigungen abdestilliert. Die schwer flüchtigen Elemente werden anschließend durch wiederholte Kristallisation des Galliums entfernt [4.1].

Bei Arsen bietet sich infolge des hohen Dampfdruckes die Reinigung durch wiederholte Destillation an. Schwierigkeiten bereitet hierbei die Abtrennung des Schwefels. Dieser wird daher entweder in den gasförmigen Schwefelwasserstoff übergeführt oder als Bleisulfid gebunden [4.2]. Ferner ist eine Reinigung des Arsens über die Verbindungen AsH_3 und $AsCl_3$ möglich. Die letztgenannten Verbindungen können auch direkt in der Epitaxie eingesetzt werden (siehe Kap. 4.4).

Die wichtigsten Verfahren zur Synthese und Kristallisation von Galliumarsenid sind in dem folgenden Schema enthalten:

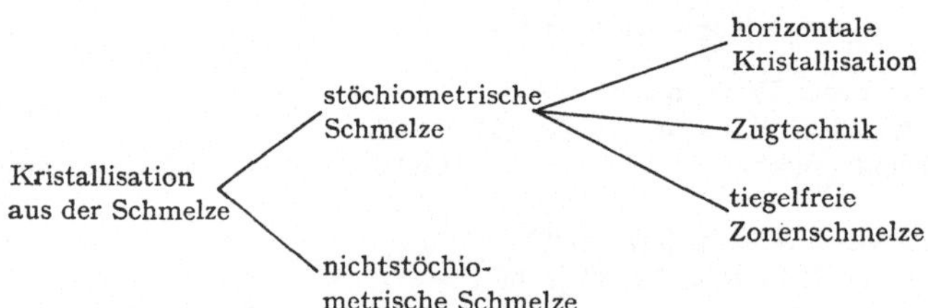

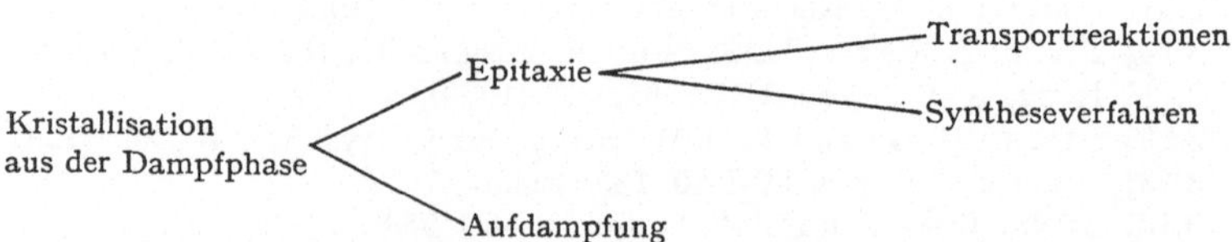

Die Verfahren zur Herstellung von GaAs-Kristallen aus einer stöchiometrischen Schmelze und die Epitaxie aus der Gasphase werden in den folgenden Abschnitten erläutert. Da die Kristallisation aus nichtstöchiometrischer Schmelze vorwiegend zur Erzeugung von pn-Übergängen in Galliumarsenid dient, wird diese Methode erst in Kap. 6.1 beschrieben. Die Aufdampftechnik wird nicht behandelt, da dieses Verfahren gegenwärtig noch keine reproduzierbare Herstellung von GaAs-Bauelementen zuläßt.

4.1 Horizontale Kristallisation

Galliumarsenid gehört zu denjenigen III-V-Verbindungen, die am Schmelzpunkt einen erheblichen Dampfdruck der flüchtigen Komponente (Arsen) aufweisen*. Bei allen Methoden zur Kristallisation von Galliumarsenid aus stöchiometrischer Schmelze ist es daher notwendig, Vorkehrungen zu treffen, die eine konstante Zusammensetzung der Schmelze gewährleisten. Das Abdampfen des Arsens wird am besten dadurch vermieden, daß man die GaAs-Schmelze in einem abgeschlossenen Gefäß unterbringt und in dem Gefäß einen Arsendampfdruck aufrechterhält, der demjenigen des Galliumarsenids am kongruenten Schmelzpunkt entspricht (0,97 atm, siehe Tab. 2.1). Dieser Arsendampfdruck kann durch exakte Einwaage einer durch Gefäßvolumen und -temperatur bestimmten Menge Arsen eingestellt werden. Auch mit einem Arsenreservoir, das auf 610 °C gehalten wird und sich an der kältesten Stelle des Schmelzgefäßes befindet, kann der notwendige Dampfdruck erzeugt werden. Wegen der exponentiellen Temperaturabhängigkeit des Dampfdruckes sind die Anforderungen an die Genauigkeit der Temperaturregelung in diesem Falle höher.

Das Prinzip der horizontalen Kristallisation mit Steuerung des Arsendampfdruckes durch ein auf konstanter Temperatur gehaltenes Arsenreservoir ist in Abb. 4.1 dargestellt. Die Quarzampulle (Abb. 4.1 Mitte), die zunächst die GaAs-Schmelze, den Keim und das Arsenreservoir enthält, befindet sich in einem Ofen mit einer Temperaturverteilung gemäß Abb. 4.1 oben oder 4.1 unten.

Die beiden in Abb. 4.1 gezeigten Temperaturprofile entsprechen den mit „BRIDGMAN-Verfahren" bzw. „Gradient Freeze"-Technik bezeichneten Varianten der horizontalen Kristallisation. In beiden Fällen befindet sich die Phasengrenze fest/flüssig zunächst am Ende des GaAs-Keimes. Die horizontale Verschiebung der Phasengrenze, d.h. das Wachstum des GaAs-Kristalles, wird beim „BRIDGMAN-Verfahren" durch Bewegung des Ofens relativ zur Ampulle bewirkt (siehe Profil Abb. 4.1 unten). Bei der „Gradient Freeze"-Technik ist dagegen der Ofen so aus-

---

* Zum Vergleich mit anderen III-V-Verbindungen und deren Herstellungsverfahren siehe [4.3].

gestaltet, daß in der Hochtemperaturzone ein Temperaturgradient von ca. 2,5 °C/cm vorhanden ist. Durch langsames Absenken der Heizleistung dieses Ofenteils nimmt der unterhalb des Schmelzpunktes von Galliumarsenid befindliche Anteil zu (Profil Abb. 4.1 oben), so daß ebenfalls eine horizontale Verschiebung der Phasengrenze fest/flüssig erreicht wird.

Der Vorteil der „Gradient Freeze"-Technik gegenüber dem „BRIDG-MAN-Verfahren" besteht darin, daß jegliche mechanische Bewegung vermieden wird. Nachteilig ist dagegen die Tatsache, daß bei einfacher Ofenkonstruktion sich ein Teil der Schmelze zunächst auf einer wesentlich

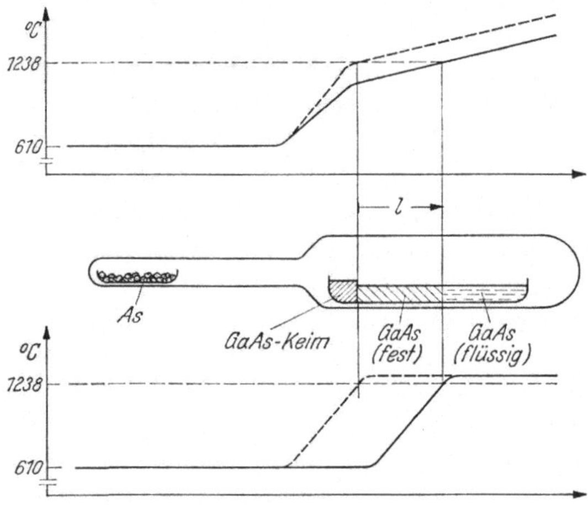

Abb. 4.1. Horizontale Kristallisation von Galliumarsenid (schematisch). Oben: Temperaturprofile bei der „Gradient Freeze"-Technik. Unten: Temperaturprofile beim „BRIDGMAN-Verfahren". Gestrichelt: Temperaturprofile zu Beginn des Kristallisationsvorganges. Ausgezogen: Temperaturprofile nach Wachstum eines Kristalles der Länge l

über dem Schmelzpunkt liegenden Temperatur befindet. Hierdurch wird die Gefahr einer Aufnahme von Verunreinigungen aus dem Tiegelmaterial erhöht. Die Überhitzung der Schmelze ist allerdings prinzipiell durch kompliziertere Ofen- und Regeleinrichtungen vermeidbar.

Da bei der horizontalen Kristallisation sowohl die Schmelze als auch der bereits erstarrte Kristall mit dem Tiegel in Berührung stehen, ist die Auswahl eines geeigneten Tiegelmaterials schwierig. Quarz und Graphit werden bevorzugt. Bei Quarztiegeln ist man bestrebt, durch Aufrauhung der Oberfläche die Benetzung des Tiegels durch die GaAs-Schmelze zu verhindern. Trotzdem ist eine Reduktion des Quarzes gemäß

$$4\,\mathrm{Ga_{(GaAs)}} + \mathrm{SiO_2} \;\rightarrow\; 2\,\mathrm{Ga_2O}\uparrow + \mathrm{Si_{(GaAs)}} \qquad (4.1)$$

nicht völlig zu vermeiden, so daß das in Quarztiegeln hergestellte Galliumarsenid im allgemeinen mit etwa 10^{17} cm^{-3} Silizium verunreinigt ist.

Die Reaktion nach Gl. (4.1) kann durch Zugabe von Ga_2O (bzw. Sauerstoff mit einem Partialdruck von ca. 20 torr) unterdrückt werden, jedoch sind Vorkehrungen zu treffen, die eine Bildung von Ga_2O_3 vermeiden [4.4]. Die Konzentration von flachen Donatoren (Si) kann hierdurch so weit herabgesetzt werden, daß hochohmiges Galliumarsenid entsteht. Sauerstoff wird dabei vermutlich als tiefer Donator in geringer Konzentration eingebaut (siehe Kap. 2.2, Abb. 2.9b). Der spezifische Widerstand des unter Sauerstoffzugabe erhaltenen Materials kann durch nachträgliche Temperaturbehandlung auf Werte zwischen 0,5 und 10000 Ωcm gebracht werden [4.5].

Die kristallographische Orientierung wird durch den GaAs-Keim vorgegeben. Als Wachstumsrichtungen werden die $\langle 111 \rangle$- und die $\langle \bar{1}\bar{1}\bar{1} \rangle$-Richtung bevorzugt. Um eine einwandfreie Kristallbildung zu gewährleisten, ist eine kontrollierte Einstellung der Phasengrenze fest/flüssig erwünscht. Letztere sollte möglichst plan und senkrecht zur Wachstumsrichtung sein. Wegen der durch den Tiegel hervorgerufenen azimutalen Unsymmetrie ist es daher u. U. erforderlich, die Heizleistung in der oberen und der unteren Ofenhälfte getrennt zu regeln.

Die genaue Regelung des Arsendampfdruckes während des gesamten Kristallisationsvorganges ist aus folgenden Gründen wichtig: bei Arsenüberschuß besteht die Gefahr der Bildung von Hohlräumen im Galliumarsenid, während bei Arsendefizit Galliumeinschlüsse auftreten können. Galliumreiche Schmelzen neigen ferner zu einer stärkeren Benetzung der Tiegelwandung.

4.2 Zugtechnik (Czochralski-Verfahren)

Das Kristallziehverfahren erfordert bei Galliumarsenid einen erheblich größeren apparativen Aufwand als die horizontale Kristallisation. Wie in Abb. 4.2 dargestellt, muß die Ziehbewegung mittels magnetischer Kräfte in ein abgeschlossenes Quarzgefäß hinein übertragen werden (Gremmelmaier [4.6]). Der Keimhalter enthält mehrere in Quarz eingeschmolzene Eisenstäbe und wird durch zwei außerhalb des Gefäßes befindliche Magnete bewegt (Rotation und vertikale Bewegung). Die Beheizung der Schmelze erfolgt induktiv, während der obere Teil des Quarzrohres durch einen Widerstandsofen geheizt wird. Eine senkrecht zur Hochfrequenzspule angeordnete bifilare Heizwicklung soll sichtbehindernde Niederschläge oberhalb des Schmelztiegels verhindern.

Der für die Stöchiometrie der GaAs-Schmelze erforderliche Arsendampfdruck wird — wie bei der horizontalen Kristallisation — entweder durch exakte Arseneinwaage oder über die Temperatur eines Arsenreservoirs an der kältesten Stelle des Quarzgefäßes eingestellt. Ein geringer Arsenüberschuß ist verhältnismäßig unschädlich; Arsendefizit führt dagegen leicht zur Zwillingsbildung [4.7].

Neben der vollständig abgeschlossenen Zieheinrichtung gemäß Abb. 4.2 werden auch Apparaturen verwendet, bei denen die Ziehbewegung über eine exakt eingeschliffene Kolbendichtung (aus Quarz oder Bornitrid) in das Kristallisationsgefäß hinein übertragen wird. Bei diesen Apparaturen wird ein geringer Arsenverlust während des Ziehvorganges in Kauf genommen. Das Eindringen von Luft wird durch Spülung der Dichtung mit Inertgas unterdrückt [4.8].

Ein weiteres Ziehverfahren macht von der Möglichkeit Gebrauch, die Stöchiometrie der GaAs-Schmelze durch eine auf der Schmelze schwimmende Schutzschicht (Bortrioxid, Erdalkalihalogenide etc.) aufrechtzuerhalten [4.9]. Bei diesem Verfahren ist allerdings die Synthese *in situ* ausgeschlossen.

Da bei der Zugtechnik nur die Schmelze in Kontakt mit dem Tiegel steht, können einwandfreie Kristalle auch dann hergestellt werden, wenn eine Benetzung der Tiegelwandung durch die GaAs-Schmelze erfolgt. Es ist somit ein breiterer Spielraum für die

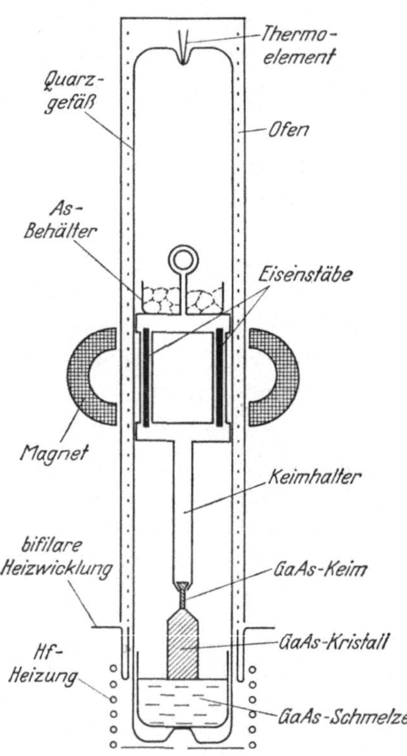

Abb. 4.2. Kristallziehvorrichtung für Galliumarsenid nach Gremmelmaier

Auswahl des Tiegelmaterials gegeben. Neben Quarz und Graphit dienen folgende Werkstoffe zur Herstellung von Tiegeln: Aluminiumnitrid, Aluminiumoxid, Magnesiumoxid, Berylliumoxid. Bei Verwendung von Quarztiegeln ist mit einer Verunreinigung des Galliumarsenids mit Silizium von etwa 10^{17} cm^{-3} zu rechnen. Graphitmaterial, welches für Tiegel besonders geeignet ist, wird unter der Bezeichnung „Vitreous Carbon" [4.10] bzw. „Glassy Carbon" hergestellt. GaAs-Kristalle mit sehr geringer Donatorenkonzentration und hoher Elektronenbeweglichkeit können insbesondere aus AlN-Tiegeln gezogen werden [4.11]. Der Einbau von Aluminium (ca. $2 \times 10^{-3}\%$) bleibt ohne merklichen Einfluß auf die elektrischen Eigenschaften des Galliumarsenids.

Besondere Sorgfalt ist der Vorbereitung des Reaktionsrohres, welches den Tiegel mit Gallium, den Keimhalter mit Keim sowie den Arsenvorrat enthält, zu widmen. Beispielsweise sollten Wasserdampfreste durch längeres Ausheizen bei 600 °C unter Hochvakuum entfernt werden. Anschließend wird möglichst gut gereinigtes Helium (ca. 100 torr) eingelassen und das Quarzgefäß abgeschlossen. Bei dieser Technik ist es erforderlich, das Arsen in einer geschlossenen Ampulle, welche erst *nach* der Wärmebehandlung geöffnet wird, einzubringen. Es ist ferner auf die Sauberkeit der Arsenoberfläche zu achten; gegebenenfalls muß Arsentrioxid durch Vakuumbehandlung bei 300 °C entfernt werden [4.12].

Das Ziehen von GaAs-Einkristallen ohne Zwillingsbildung gelingt am leichtesten bei einer Orientierung des Keimes in $\langle \bar{1}\,\bar{1}\,\bar{1} \rangle$-Richtung, d.h. die Arsenseite des Keimes soll der Schmelze zugewandt sein. In $\langle 111 \rangle$-Richtung kann eine etwas höhere Wachstumsrate gewählt werden, es tritt jedoch häufiger eine Zwillingsbildung auf. Die Zugtechnik in anderen Orientierungen, wie $\langle \bar{2}\,\bar{1}\,\bar{1} \rangle$, $\langle 100 \rangle$ und $\langle 110 \rangle$, ist erheblich schwieriger. Die Einhaltung optimaler Bedingungen (exakte Keimorientierung, optimaler Arsendampfdruck, saubere Oberfläche der Schmelze) ist hierbei unerläßlich. Insbesondere müssen Schwankungen des Kristalldurchmessers vermieden werden [4.7]. Die Ziehgeschwindigkeit beträgt im allgemeinen 0,2 bis 2 mm/min, mit einer Rotation von 10 bis 20 U/min.

Versetzungsfreie Kristalle können unter Anwendung der Methode von DASH hergestellt werden, d.h. unmittelbar nach Beginn der Kristallisation wird der Durchmesser des aus der Schmelze gezogenen Kristalles auf ca. 1 bis 2 mm reduziert. Dieser Durchmesser wird über eine Länge des Kristallwachstums von 10 bis 20 mm beibehalten, bevor die Kristallisation mit üblichem Kristalldurchmesser (15 bis 25 mm) eingeleitet wird. Eine Tiegelkonstruktion, die einen sehr geringen axialen Temperaturgradienten gewährleistet, ist für die Kristallzucht mit geringer Versetzungsdichte erforderlich [4.13].

Bei der Herstellung von dotierten GaAs-Kristallen sind die in Tab. 2.2 angegebenen Verteilungskoeffizienten in Rechnung zu stellen.

4.3 Tiegelfreie Zonenschmelze

Bei der tiegelfreien Zonenschmelze wird prinzipiell die Verunreinigung der Schmelze durch das Tiegelmaterial vermieden, so daß es verhältnismäßig leicht gelingt, hochohmiges Galliumarsenid herzustellen (vermutlich durch Sauerstoffkompensation gemäß Abb. 2.9b). Die Konzentration der Kristallbaufehler ist jedoch in dem tiegelfrei zonengeschmolzenen Material meist erheblich höher als in den nach anderen Verfahren hergestellten Kristallen.

Die Apparaturen zur tiegelfreien Herstellung von GaAs-Einkristallen sind den für die Siliziumtechnologie entwickelten Systemen nachgebildet. Es müssen jedoch — wie bei der horizontalen Kristallisation und der Zugtechnik — Vorkehrungen zur Aufrechterhaltung des für die Stöchiometrie der Schmelze notwendigen Arsendampfdruckes getroffen werden, d. h. es ist eine definierte Arsenmenge oder ein auf konstanter Temperatur befindliches Arsenreservoir erforderlich. Das Arsenreservoir kann u. U. nach Ausheizen des Systems durch thermische Zersetzung von Galliumarsenid gebildet werden.

Wie in Abb. 4.3 dargestellt, befindet sich der zunächst polykristalline GaAs-Stab in einem abgeschlossenen Quarzrohr (mit oder ohne Arsenreservoir). Das dem Keim zugewandte Ende des Stabes wird durch induktive Erwärmung aufgeschmolzen. Anschließend erfolgt die Verschiebung der Schmelzzone in Richtung auf das obere Stabende. Der Zonenschmelzvorgang wird — falls notwendig — mehrmals wiederholt.

Um gleichmäßigeres Wachstum und bessere Durchmischung der Schmelzzone zu gewährleisten, kann eine Rotation des Keimes vorgesehen werden. Diese muß — analog zur GaAs-Zugtechnik — durch magnetische Kraftübertragung oder mittels eines präzise eingeschliffenen Kolbens bewirkt werden. Der gleiche Mechanismus kann auch zur Korrektur der Länge der Schmelzzone (Stauchung oder Dilatation) dienen [4.14].

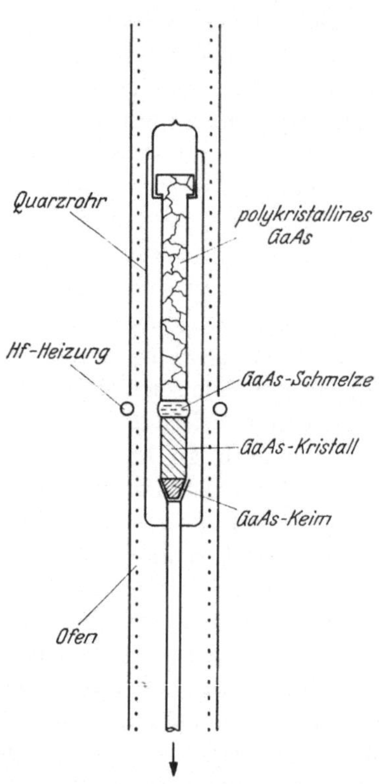

Abb. 4.3. Vorrichtung für tiegelfreie Herstellung von GaAs-Kristallen

Wie bei der GaAs-Zugtechnik ist einkristallines Wachstum bei tiegelfreier Zonenschmelze am leichtesten zu erreichen, wenn die ⟨111⟩-Richtung des Keimes mit der Stabachse zusammenfällt. Die Kristallisationsgeschwindigkeit kann beispielsweise 2 mm/min betragen. Der Durchmesser tiegelfrei hergestellter GaAs-Kristalle ist derzeit auf rund 10 mm beschränkt.

4.4 Epitaxie aus der Gasphase

Die einkristalline Abscheidung von Galliumarsenidschichten aus der Gasphase kann bei Temperaturen erfolgen, die wesentlich unter dem Schmelzpunkt des Galliumarsenids liegen. Die Aufnahme von Verunreinigungen aus dem Tiegelmaterial, dem Reaktionsgefäß usw. ist daher bei epitaxialen Aufwachsverfahren geringer als bei der Kristallisation aus stöchiometrischer Schmelze. Entsprechendes gilt für die ebenfalls bei niedrigen Temperaturen ablaufende Epitaxie aus nichtstöchiometrischer Schmelze (siehe Kap. 6.1).

In Analogie zur Germanium- und Siliziumtechnologie dient die GaAs-Epitaxie vorwiegend zur Herstellung derjenigen Schichtfolgen, die der Diffusionstechnik unzugänglich sind, d.h. schwach dotierte Schichten auf hochdotiertem Substratmaterial. Da die Temperatur für die GaAs-Epitaxie jedoch geringer ist als für die Diffusion von Donatoren in Galliumarsenid, ist es u.U. auch vorteilhaft, pn-Übergänge durch Epitaxie herzustellen. Die Epitaxie hat somit in der GaAs-Technologie eine relativ größere Bedeutung als in der Fertigung von Germanium- und Siliziumbauelementen.

Der Transport von Galliumarsenid über die Gasphase erfolgt mit Hilfe der leicht flüchtigen Halogenide des Galliums oder mittels des bei 900 °C ebenfalls hinreichend flüchtigen Galliumsuboxids. Das Arsen wird normalerweise in elementarer Form transportiert.

Abb. 4.4 zeigt als Beispiel den Aufbau eines Systems für den GaAs-Transport mittels Wasserstoff/Chlorwasserstoff. Bei Temperaturen von 750—900 °C wird das Quellmaterial im wesentlichen gemäß

$$4\,\text{GaAs} + 4\,\text{HCl} \rightarrow 4\,\text{GaCl} + \text{As}_4 + 2\,\text{H}_2 \qquad (4.2)$$

in flüchtige Komponenten zersetzt. An dem auf niedrigerer Temperatur befindlichen Keimkristall findet — bei geeigneter Wahl der Strömungsraten und der Temperaturdifferenz zwischen Quelle und Keim — eine Disproportionierung des Galliummonochlorids unter Bildung von Galliumarsenid statt:

$$6\,\text{GaCl} + \text{As}_4 \rightarrow 4\,\text{GaAs} + 2\,\text{GaCl}_3\,. \qquad (4.3)$$

Neben den Reaktionsgleichungen (4.2) und (4.3) sind in dem betrachteten System noch die Gleichgewichte

$$\text{As}_4 \rightleftharpoons 2\,\text{As}_2 \qquad (4.4)$$

und

$$2\,\text{HCl} \rightleftharpoons \text{H}_2 + \text{Cl}_2 \qquad (4.5)$$

zu berücksichtigen. Der Anteil von As_2 ist jedoch unterhalb 800 °C gering.

Der Transport des Galliumarsenids kann in einem System ähnlich Abb. 4.4 auch mittels Bromwasserstoff oder Jodwasserstoff bewirkt werden. In den Gleichungen (4.2) bis (4.5) ist dann jeweils Cl durch Br oder J zu ersetzen. Im letzteren Fall ist auch der Anteil monoatomaren Jods gemäß

$$J_2 \rightleftharpoons 2\,J \qquad\qquad (4.6)$$

zu berücksichtigen.

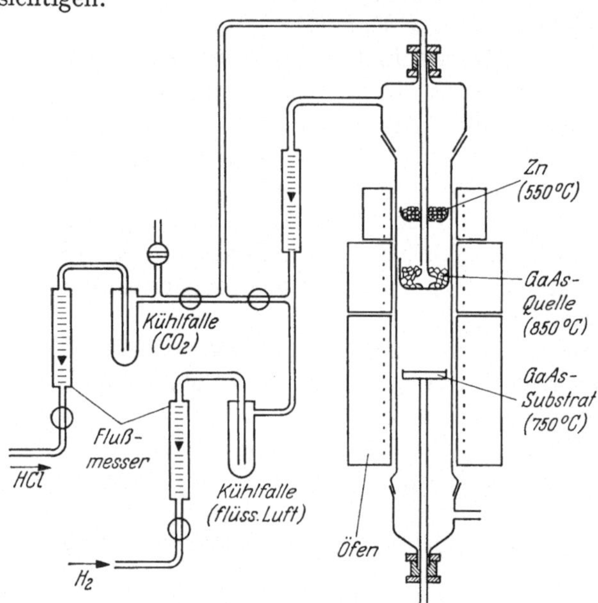

Abb. 4.4. System zur epitaxialen Abscheidung von GaAs-Schichten (Zn-dotiert) durch Transportreaktion mittels Chlorwasserstoff (nach [4.15])

Während der Chlorwasserstoff für Transportreaktionen vorwiegend in Stahlflaschen vom Hersteller bezogen und lediglich einer Trocknung mit Schwefelsäure oder Aluminiumchlorid unterworfen wird, ist es zweckmäßig, den Jodwasserstoff im System selbst durch katalytische Umsetzung herzustellen.

Apparativ besonders einfach sind Systeme, bei denen Wasserdampf als Transportmedium wirkt. Ein Wasserdampfpartialdruck von wenigen torr ist ausreichend, um Galliumarsenid bei 900–1000 °C gemäß

$$2\,GaAs + H_2O \;\rightarrow\; Ga_2O + As_2 + H_2 \qquad\qquad (4.7)$$

zu zersetzen. Es ist also lediglich notwendig, reinen Wasserstoff bei ca. 0 °C mit Wasserdampf zu beladen und über das erhitzte Quellenmaterial zu leiten [4.16]. Die epitaxiale Abscheidung von Galliumarsenid erfolgt unter Umkehrung der Reaktion Gl. (4.7) bei einer Keimtemperatur, die 50–100 °C unter der Quellentemperatur liegt. Dem im Vergleich mit Halogenwasserstofftransportsystemen geringeren apparativen Aufwand steht somit die — für viele Anwendungszwecke nachteilige — höhere Arbeitstemperatur des Wasserdampftransportes gegenüber. Über das Ausmaß des Sauerstoffeinbaues bei Wasserdampftransport sind noch keine genaueren Daten bekannt.

Bei den beschriebenen Transportreaktionen ist es notwendig, geeignetes GaAs-Quellenmaterial zur Verfügung zu stellen. Dieses Material

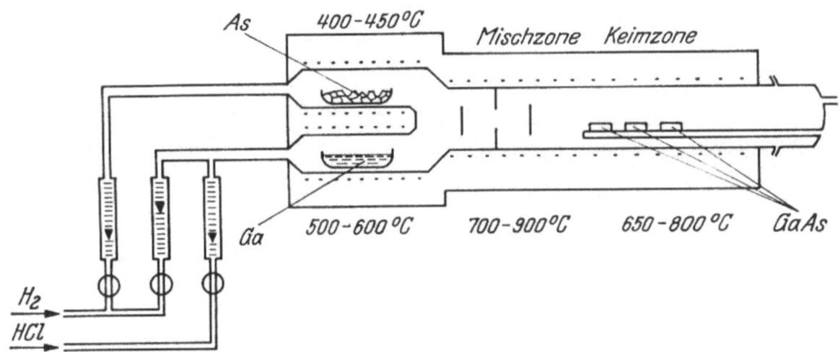

Abb. 4.5. Apparatur zur epitaxialen Abscheidung von Galliumarsenid durch Synthese aus den Elementen

ist im allgemeinen durch den vorausgegangenen Herstellungsprozeß verunreinigt. Zur Abscheidung extrem reiner GaAs-Schichten dienen daher insbesondere Verfahren, bei denen die Synthese des Galliumarsenids direkt in der Epitaxieapparatur erfolgt. Als Ausgangsmaterial können z.B. folgende Substanzen verwendet werden: Ga, $GaCl_3$, Ga_2H_2, As, $AsCl_3$, AsH_3.

Bei der Synthese aus den Elementen muß zunächst das Gallium mittels Halogenwasserstoff in flüchtige Verbindungen überführt werden, beispielsweise gemäß

$$2\,Ga + 2\,HCl \;\rightarrow\; 2\,GaCl + H_2\,, \tag{4.8}$$

wobei auch das Gleichgewicht (4.5) und die Reaktion

$$GaCl + Cl_2 \;\rightarrow\; GaCl_3 \tag{4.9}$$

zu berücksichtigen sind. Wie in Abb. 4.5 dargestellt, wird das chlorierte Gallium mit Arsendampf gemischt und in die Keimzone transportiert. Dort findet die Abscheidung von Galliumarsenid durch die Reaktion Gl. (4.3) statt. Temperaturwerte für die Ga-Quelle, die Arsenverdampfung, die Mischzelle und die Keimzone sind in Abb. 4.5 angegeben.

Übliche H_2-Flußraten sind: 100—500 cm³/min, zu gleichen Teilen über Gallium und Arsen geleitet. Der HCl-Gehalt beträgt zwischen 0,5 und 10%*.

In Abwandlung des Verfahrens nach Abb. 4.5 kann Arsenwasserstoff anstelle von elementarem Arsen in den Reaktionsraum eingeleitet werden. Die Zuführung von gasförmigem Arsenwasserstoff ist prinzipiell besser dosierbar als die Verdampfung von elementarem Arsen, jedoch sind wegen der Giftigkeit des Arsenwasserstoffes besondere Vorsichtsmaßnahmen erforderlich [4.19]. Über die Verwendung von Galliumtrichlorid als Ausgangssubstanz siehe [4.20].

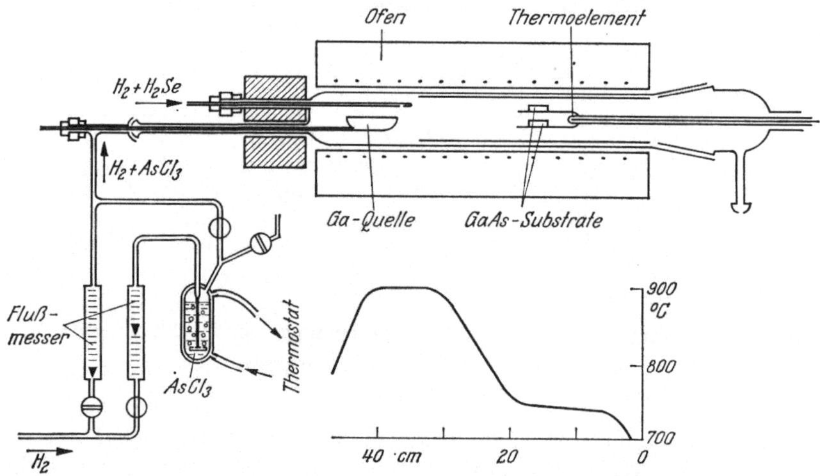

Abb. 4.6. Apparatur zur Herstellung epitaxialer GaAs-Schichten durch Synthese aus Gallium und Arsentrichlorid (nach [4.25])

Ein derzeit sehr weit verbreitetes Syntheseverfahren beruht auf der Verwendung von Gallium und Arsentrichlorid als Ausgangssubstanzen (Apparatur nach Abb. 4.6). Hierbei dient das durch Kristallisation und Destillation leicht zu reinigende Arsentrichlorid (Fp: − 18 °C, Kp: 132 °C) sowohl als Arsenquelle als auch zur Erzeugung von reinstem Chlorwasserstoff, welcher lediglich *innerhalb* des Reaktionsraumes mit der Gefäßwandung in Berührung steht. Der in der Reaktion

$$4\,AsCl_3 + 6\,H_2 \;\rightarrow\; 12\,HCl + As_4 \tag{4.10}$$

gebildete Chlorwasserstoff reagiert nach Gl. (4.8) mit der Galliumquelle, während das nach Gl. (4.10) gleichzeitig freigesetzte Arsen zu einem Teil in

---

* Zur Darstellung von reinstem Chlorwasserstoff kann Arsentrichlorid herangezogen werden [4.17]. Eine Apparatur zur Synthese von Galliumarsenid, bei der Jodwasserstoff als Transportmedium dient, ist in [4.18] beschrieben.

dem Gallium gelöst wird. Der verbleibende Teil des Arsens wird in die Keimzone transportiert und kann mit dem Galliummonochlorid gemäß Gl. (4.3) unter Abscheidung einer epitaxialen GaAs-Schicht reagieren.

Während sich beim Betrieb der in Abb. 4.4 und Abb. 4.5 dargestellten Epitaxieapparaturen jeweils in den verschiedenen Temperaturzonen das thermodynamische Gleichgewicht zwischen den Reaktionspartnern einstellt, beruht die Wirkungsweise des $Ga/AsCl_3$-Systems darauf, daß die Sättigung der Galliumquelle mit Arsen sich über einen längeren Zeitraum erstreckt. Bei Betriebsbeginn (reine Ga-Quelle) geht ein verhältnismäßig großer Anteil des nach Gl. (4.10) freigesetzten Arsens in Lösung, so daß nur wenig Arsen in die Keimzone gelangt. Es findet daher zunächst keine oder nur eine geringe epitaxiale Abscheidung von Galliumarsenid statt. Diese Periode dauert beispielsweise ca. 10 Std., bei einer H_2-Strömungsrate von 200 cm³/min, einem $AsCl_3$-Partialdruck von 10 torr und einer Ga-Einwaage von 50 g. In der anschließenden Periode von ca. 20–30 Std. Dauer wird nur verhältnismäßig wenig Arsen von der Ga-Quelle absorbiert, und es können epitaxiale Schichten mit einer annähernd konstanten Aufwachsrate hergestellt werden. Wenn die Ga-Quelle weitgehend mit Arsen gesättigt ist, sinkt die epitaxiale Aufwachsrate wieder merklich ab. Die Ga-Quelle muß dann erneuert werden.

Bei allen Epitaxiesystemen ist die Wachstumsrate kritisch von den Temperaturen (insbesondere von der Temperatur*differenz* zwischen Quelle und Keim), den Durchflußmengen und den geometrischen Abmessungen abhängig. Darüber hinaus findet man einen erheblichen Einfluß der Orientierung der Keimoberfläche auf die Wachstumsrate; Literaturangaben hierüber zeigen beträchtliche Unterschiede zwischen verschiedenen Systemen und Autoren. Auch beim gleichen System kann sich das Verhältnis der Wachstumsraten verschieben, wenn die Abscheidungsbedingungen (Temperatur, Partialdrucke) geändert werden [4.21], [4.22]. Einige Beispiele sind in Tab. 4.1 aufgeführt.

Tabelle 4.1. *Relative Wachstumsraten bei epitaxialer Abscheidung von Galliumarsenid auf verschieden orientierten Substraten*

System	Relative Wachstumsrate auf				Lit.
	(110)	(111)	($\overline{1}\overline{1}\overline{1}$)	(100)	
GaAs/HCl	0,7	1	0,6	1,1	[4.23]
GaAs/HCl	0,16	1	0,11	1,1	[4.24]
GaAs/HCl		1	0,17	1,7	[4.22]
		1	3,1	4,7	
$GaCl_3$/As	2,3	1	1	0,7	[4.20]
$Ga/AsCl_3$/As		1	0,06	0,3	[4.17]
		1	0,2	0,25	[4.25]
$Ga/AsCl_3$	0,4	1	0,2	0,4	[4.26]
		1	0,1	0,2	

Die vielfältigen Methoden zur Dotierung epitaxialer Schichten können wie folgt zusammengefaßt werden:

a) Dotierung des Quellenmaterials

Diese Methode wird insbesondere bei den auf Transportreaktionen basierenden Systemen angewandt. Ausgenommen ist jedoch die p-Dotierung bei Wasserdampftransport, da die Oxide der Akzeptoren (Mg, Zn, Cd) schwer flüchtig sind. Bei den Syntheseverfahren gemäß Abb. 4.5 und 4.6 kann der Ga-Quelle etwas Zinn zugefügt werden, um n-dotierte Schichten herzustellen. Es wird jedoch nur ein Teil des in der Schmelze gelösten Zinns (als Donator) in die Epitaxieschicht eingebaut, beispielsweise im $Ga/AsCl_3$-System unter normalen Wachstumsbedingungen: 10% bei Wachstum auf $(\bar{1}\,\bar{1}\,\bar{1})$-Ebenen, 1–2% bei Wachstum auf (111)-, (110)- und (100)-Ebenen [4.27]. Dem $AsCl_3$-Vorrat (Abb. 4.6) können die Verbindungen S_2Cl_2, $GeCl_4$, $SnCl_4$ beigemischt werden. Eine Dotierungsänderung ist bei Quellendotierung grundsätzlich nur durch Auswechseln des Quellenmaterials möglich.

b) Verdampfung des Dotierungsmaterials

Die meist in elementarer Form vorliegenden Dotierungsstoffe (z.B. Se, Te, Zn, Cd) werden verdampft und mit dem Trägergas in die Keimzone transportiert (siehe z.B. Abb. 4.4). Derartige Dotierungsquellen mit separater Temperaturregelung gestatten eine Variation der Dotierungshöhe. In den Synthesesystemen nach Abb. 4.5 ist es zweckmäßig, die Quelle für Elemente mit hohem Dampfdruck (Se, Te) in dem Arsenzweig, die Quelle für Elemente mit geringem Dampfdruck (Zn, Cd) in dem Galliumzweig unterzubringen.

c) Gasdotierung

Die Zufuhr von Dotierungselementen in Form gasförmiger Verbindungen bietet erhebliche Vorteile gegenüber den anderen Methoden, insbesondere hinsichtlich der Steuerung der Dotierungshöhe. Als Dotierungsgase werden u.a. verwendet:

$$H_2S, \; S_2Cl_2, \; H_2Se, \; H_2Te, \; Zn(C_2H_5)_2 \, .$$

Der Einbau von Dotierungselementen erfolgt meistens mit einer Konzentration, die von der Zusammensetzung der Gasphase abweicht. Hierbei spielt — wie in Tabelle 4.2 gezeigt — auch die Keimorientierung eine Rolle. Die besonders niedrige Einbaurate beim Wachstum auf (100)-Ebenen im Falle des $Ga/AsCl_3$-Systems wird ausgenutzt, um schwach dotierte Schichten — beispielsweise für Elektronentransfer-Bauelemente — zu erhalten.

Tabelle 4.2. *Einfluß der Substratorientierung auf die Störstellenkonzentration epitaxialer GaAs-Schichten*

System	Dotierung	Relative Störstellenkonzentration				Lit.
		(111)	$(\overline{1}\,\overline{1}\,\overline{1})$	(110)	(100)	
GaAs/HCl	Te	1	20	2,5	1,5	[4.24]
	Se		1	0,2	0,15	
	Zn	1	0,2	0,5	0,4	
GaAs/HCl	—*	1	1	0,1	0,02	[4.29]
Ga/AsCl$_3$	Sn		1		0,06	[4.27]
Ga/AsCl$_3$	—*	1	1		0,06	

* Unbekannter Donator.

Die Qualität epitaxialer Schichten ist weitgehend von der Vorbehandlung des Substrates abhängig, d.h. nur auf sorgfältig gereinigten Substratoberflächen, die keine Spuren vorangegangener mechanischer Prozesse (Sägen, Schleifen, Polieren) tragen, können einwandfreie Schichten wachsen. Zur Substratvorbereitung besonders bewährt hat sich das von REISMAN und ROHR beschriebene mechanisch-chemische Polierverfahren [4.30]. Vor dem Einführen in die Epitaxieapparatur werden die Substrate einer kurzzeitigen chemischen Ätzung unterworfen, beispielsweise mittels einer der folgenden Polierätzlösungen:

$$H_2SO_4/H_2O_2/H_2O \qquad (2:1:1 \text{ bis } 5:1:1)$$
$$Br/Methanol \qquad (1:20 \text{ bis } 1:200)$$
$$NaOCl\ 0,8\% \qquad (70–90° C)\,.$$

Anschließend erfolgt meist noch eine Reinigung mit organischen Lösungsmitteln, wie Methanol, Isopropylalkohol, Frigen usw. Es ist ferner zweckmäßig, dem epitaxialen Wachstum eine kurzzeitige Gasätzung der Substratoberfläche vorangehen zu lassen. In manchen Epitaxiesystemen ist hierfür eine spezielle Ätzzone vorgesehen (siehe z.B. [4.18] oder [4.31]). In anderen Systemen wird die Temperatur der Keimzone oder die Zusammensetzung des Gasstromes derart abgeändert, daß eine Gasätzung anstelle epitaxialer Abscheidung auftritt.

Die Feinstruktur der Oberfläche epitaxialer GaAs-Schichten wird stark durch die Substratorientierung beeinflußt. Wie bei der Si- und Ge-Epitaxie besteht eine Tendenz zur Bildung von Pyramiden, wenn die Substratoberfläche mit einer niedrig indizierten Kristallebene zusammenfällt. Die auf hoch indizierten Ebenen gewachsenen Schichten haben dagegen eine wellige Oberflächenstruktur. Glatte, für Halbleiterbauelemente geeignete Oberflächen können hergestellt werden, wenn die Substratoberfläche eine gegenüber niedrig indizierten Ebenen *etwas* abweichende Orientierung besitzt. Einige günstige Orientierungen sind in Tab. 4.3 aufgeführt.

Tabelle 4.3. *Günstigste Substratorientierung bei Epitaxie aus der Gasphase*

System	Günstigste Substratorientierung	Lit.
GaAs/HCl (Abb. 4.4)	3° gegen (100)	[4.15]
Ga/AsCl$_3$ (Abb. 4.6)	0,75° gegen (111), 2,5° gegen (100)	[4.25]

Unter geeigneten Bedingungen — d. h. bei schwacher Übersättigung des Trägergases mit den zur Bildung von Galliumarsenid befähigten Reaktionspartnern — kann erreicht werden, daß innerhalb der Keimzone eine GaAs-Abscheidung ausschließlich auf der GaAs-Oberfläche erfolgt. Bei einem teilweise bedeckten Substrat wird somit das epitaxiale Wachstum auf den unbedeckten Teil beschränkt. Als maskierende (wachstumshindernde) Schicht dient z. B. Siliziumdioxid. Anwendungsmöglichkeiten dieses Verfahrens zur Herstellung örtlich begrenzter Epitaxieschichten werden in Kap. 12 diskutiert.

4.5 Prüfung des Kristallmaterials

Zur ausreichenden Charakterisierung des GaAs-Kristallmaterials sind erheblich umfangreichere Messungen als in der Germanium- und Siliziumtechnologie erforderlich. Dies gilt insbesondere dann, wenn das GaAs-Material für opto-elektronische Bauelemente eingesetzt werden soll, da in diesem Falle auch optische Untersuchungen durchgeführt werden müssen.

Zur Ermittlung des Leitungstyps können das Vorzeichen der HALL-Spannung, das Gleichrichterverhalten einer aufgesetzten Metallspitze und Thermokraftmessungen herangezogen werden. Bei schwach dotiertem Material ist die Bestimmung der Gleichrichterwirkung einer Messung der Thermokraft vorzuziehen.

Infolge des starken Einflusses der Störstellen auf die Beweglichkeit ist im allgemeinen nicht zu erwarten, daß bei einem vorliegenden Material die theoretisch erreichbaren Werte gemäß Abb. 2.11 tatsächlich auftreten, d. h. es besteht kein eindeutiger Zusammenhang zwischen Nettostörstellenkonzentration und Beweglichkeit bzw. zwischen spezifischer Leitfähigkeit und Ladungsträgerkonzentration. Es ist somit stets eine getrennte Bestimmung der Leitfähigkeit und der HALL-Konstanten erforderlich.

Für die Leitfähigkeits- und HALL-Messungen kann die übliche Probenform gemäß Abb. 4.7a verwendet werden. Bei der Methode nach VAN DER PAUW [4.32] können Proben mit planparallelen Deckflächen, jedoch sonst beliebig geformter Berandung eingesetzt werden, sofern die Kontaktflächen nur einen geringen Teil des Umfanges beanspruchen (Abb. 4.7b). Ohmsche Kontakte sind mittels der in Kap. 6.2 beschriebenen Methoden anzubringen. Die Anwendung der Vierspitzenmethode nach VALDES [4.33] ist bei Galliumarsenid wegen der Gleichrichterwirkung an den Metallspitzen nicht zu empfehlen.

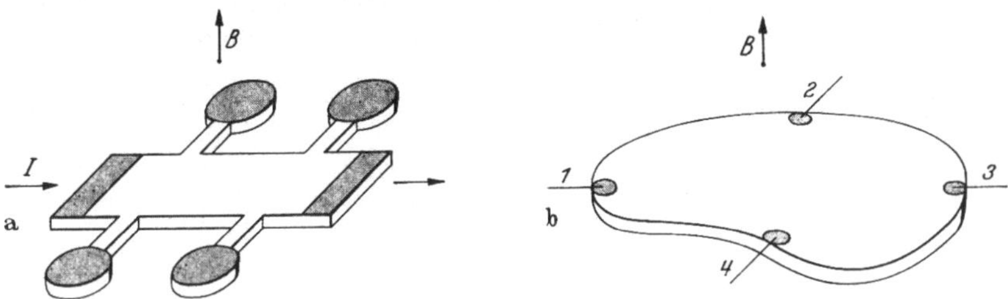

Abb. 4.7. Probenformen zur Messung des spezifischen Widerstandes und der HALL-Konstanten. a) Direkte Strom- und Spannungsmessungen. b) Messungen nach dem VAN DER PAUW-Prinzip

Aus der spezifischen Leitfähigkeit σ und der HALL-Konstanten* folgen die Ladungsträgerkonzentration

$$n = (\text{bzw. } p =) \ \frac{1}{q\,R_H} \tag{4.11}$$

und die Beweglichkeit

$$\mu_{n,p} = \sigma\,R_H . \tag{4.12}$$

Die Analyse des Temperaturverlaufes der Beweglichkeit für Temperaturen $T \lesssim 100\,°\mathrm{K}$ gestattet unter Verwendung der BROOKS-HERRING-Formel eine Abschätzung des Gesamtstörstellengehaltes $N_D + N_A$. Die reine Gitterbeweglichkeit wird bei 77 °K zu $2 \times 10^5\,\mathrm{cm^2/Vs}$ angenommen. Abb. 4.8 zeigt den ungefähren Verlauf für die Beweglichkeit

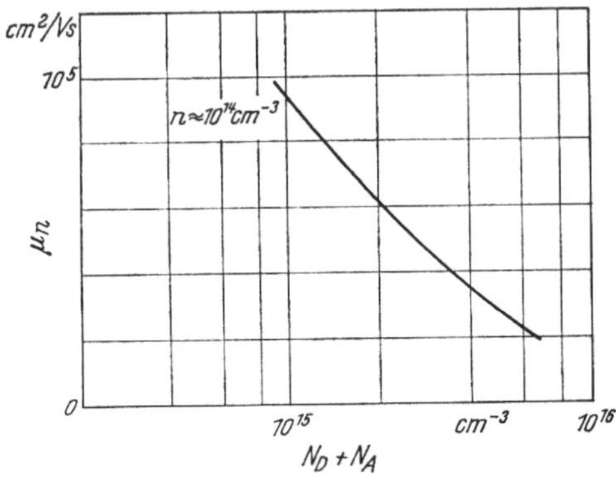

Abb. 4.8. Beweglichkeit μ_n bei 77° K in Abhängigkeit von der Gesamtstörstellenkonzentration

---

* Gemessen bei hoher Feldstärke ($B \approx 4{,}5\,\mathrm{kG}$).

μ_n in Abhängigkeit von $N_D + N_A$ bei 77 °K für n-Galliumarsenid mit einer Ladungsträgerkonzentration von rd. 10^{14} cm^{-3}. Näheres hierzu siehe [4.34], [4.35].

Eine grobe Abschätzung für die Ladungsträgerkonzentration kann aus der mit einer aufgesetzten Metallspitze gemessenen Durchbruchspannung hergeleitet werden. Da die Durchbruchspannung auch vom Spitzenradius und anderen experimentellen Parametern abhängig ist, muß vor Benutzung einer derartigen Apparatur eine Eichung vorgenommen werden. Für eine mit 200 dyn aufgesetzte Wolframkarbidspitze

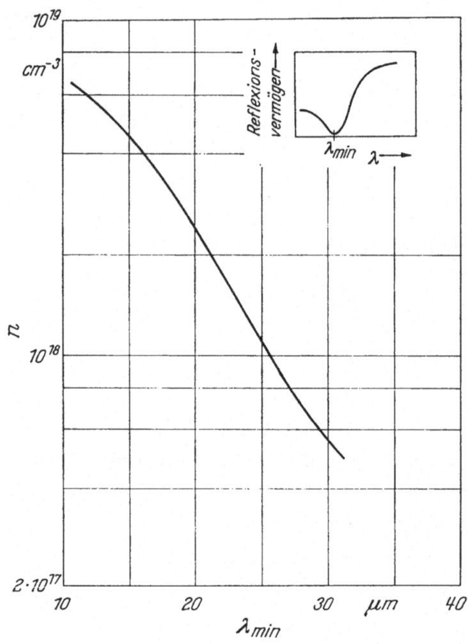

Abb. 4.9. Zusammenhang zwischen Wellenlänge des Reflexionsminimums und Ladungsträgerkonzentration bei n-Galliumarsenid [4.37]

von 220 μm Spitzenradius wurde beispielsweise folgender Zusammenhang zwischen der Ladungsträgerkonzentration im Galliumarsenid und der Durchbruchspannung gefunden [4.36]:

$$U_B = 100 \; (n/10^{15} \; \text{cm}^{-3})^{-0,32} \quad [\text{V}]$$

bzw.

$$U_B = 75 \; (p/10^{15} \; \text{cm}^{-3})^{-0,34} \quad [\text{V}] .$$

$$(4.13)$$

Sehr hohe Ladungsträgerkonzentrationen können auch mit Hilfe von optischen Verfahren ermittelt werden. So ergibt sich beispielsweise für die Wellenlänge λ_{min}, bei der ein Minimum der Reflexionsfähigkeit auftritt, der in Abb. 4.9 angegebene Zusammenhang mit der Elektronenkonzentration.

Bei der Messung der Ladungsträgerlebensdauer in Galliumarsenid ist zu berücksichtigen, daß ein großer Teil der erzeugten Minoritätsladungsträger in Haftstellen eingefangen wird. Es gilt somit $\tau_n \neq \tau_p$, d.h. es ist eine getrennte Bestimmung der Lebensdauern der Minoritäts- und Majoritätsladungsträger erforderlich. Meßverfahren, die auf nichtstationären Vorgängen beruhen (Lichtblitzmethode) oder die auf eine direkte Bestimmung der Diffusionslänge abzielen, sind bei Galliumarsenid wegen der sehr geringen Trägerlebensdauern ($< 10^{-6}$ s) sehr aufwendig. Dagegen ist die — zumindest näherungsweise — Bestimmung der Trägerlebensdauern aus Messungen der Photoleitfähigkeit und des photogalvanomagnetischen Effektes verhältnismäßig leicht möglich.

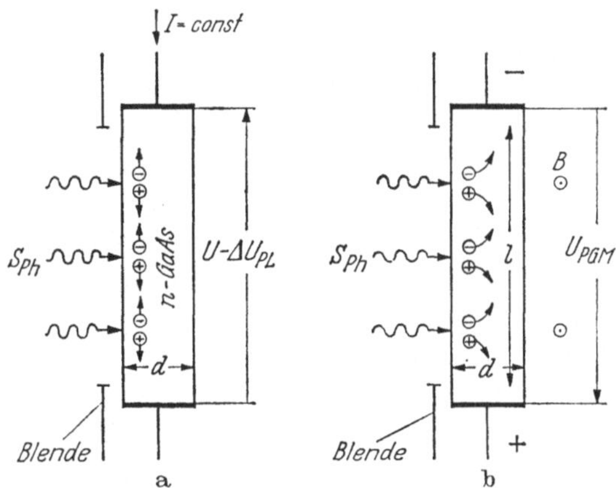

Abb. 4.10. a) Prinzip der Messung der Photoleitfähigkeit bei konstantem Probenstrom. b) Prinzip der Messung der Leerlaufspannung beim Photogalvanomagnetischen Effekt

Für die Photoleitung in n-Material ergibt sich *bei festgehaltenem Strom* durch die Probe (Abb. 4.10 a):

$$\Delta U_{PL} = \tau_{PL}\, S_{Ph}\, \frac{U}{d\, n_0}\, \frac{1}{G}\,, \qquad (4.14)$$

wobei U die an der Probe anliegende Gleichspannung, ΔU_{PL} die bei Belichtung auftretende Spannungsänderung ($\Delta U_{PL} \ll U$) und S_{ph} die Photonenstromdichte bedeuten. Es wird hierbei angenommen, daß die Photonen vollständig absorbiert werden und daß ein Quantenwirkungsgrad von Eins vorliegt. G ist ein Korrekturfaktor, welcher die Ladungsträgerverluste durch Oberflächenrekombination berücksichtigt. Die Größe von G kann aus der spektralen Abhängigkeit der Photoleitung abgeschätzt werden [4.38].

Beim photogalvanomagnetischen Effekt (Abb. 4.10b) ergibt sich eine Leerlaufspannung

$$U_{PGM} = \sqrt{D^\circ\, \tau_{PGM}}\; S_{Ph}\, B\, \frac{l}{d\, n_0}\, \frac{1}{G} \tag{4.15}$$

(D° = ambipolare Diffusionskonstante, B = magnetische Induktion).
Die aus Gl. (4.14) und Gl. (4.15) zu ermittelnden Werte für τ_{PL} und τ_{PGM} hängen mit τ_n und τ_p näherungsweise wie folgt zusammen*:

$$\tau_{PL} \approx \tau_n + \frac{\mu_p}{\mu_n}\, \tau_p \tag{4.16}$$

$$\tau_{PGM} \approx \tau_p\,. \tag{4.17}$$

Mittels des photogalvanomagnetischen Effektes erhält man also die Lebensdauer der Minoritätsladungsträger, während die Photoleitung neben dem Beitrag der Majoritätsladungsträger u. U. einen Beitrag der Minoritätsladungsträger enthält. Beispiele für Meßresultate siehe [4.39].
Weitere Methoden zur Abschätzung der Lebensdauer bzw. Diffusionslänge der Minoritätsladungsträger beruhen auf der Erzeugung von Elektron-Loch-Paaren mittels energiereicher Elektronenstrahlung. Es wird entweder der an pn-Übergängen oder an SCHOTTKY-Kontakten auftretende Kurzschlußstrom gemessen [4.40] oder die Intensität der Rekombinationsstrahlung in Abhängigkeit von der Eindringtiefe (Energie) der Elektronenstrahlung verfolgt [4.41]. Mittelwerte aus Meßresultaten sind in Tab. 4.4 zusammengestellt.

Tabelle 4.4. *Diffusionslängen der Minoritätsladungsträger in n- und p-Galliumarsenid*

n [cm^{-3}]	p [cm^{-3}]	L_p [μm]	L_n [μm]	Lit.
5×10^{16}		3		[4.41]
	5×10^{16}		15	
2×10^{17}		0,64		[4.40]
	2×10^{17}		6,2	
4×10^{17}		0,9		
2×10^{18}		0,9		[4.41]
2×10^{18}		0,35		
	2×10^{18}		2,7	[4.40]

Ein wesentliches Hilfsmittel zur Charakterisierung von GaAs-Kristallen — insbesondere hinsichtlich der Verwendbarkeit für opto-elektronische Bauelemente — stellen Experimente dar, bei denen das Spek-

---

* Für exaktere Berechnungen siehe [4.38].

trum der Rekombinationsstrahlung aufgezeichnet wird. Die Anregung kann optisch mit kurzwelligem Licht (Photolumineszenz) oder durch Elektronenstrahlen (Kathodolumineszenz) erfolgen [4.42], [4.43]. Der Verlauf der Spektrums in der Nähe der Energie des Bandabstandes läßt Rückschlüsse auf die Konzentration an flachen Donatoren und Akzeptoren zu, während das Auftreten einer Rekombinationsstrahlung im langwelligen Bereich auf das Vorhandensein von Störstellen mit tiefliegenden Niveaus (Kupfer, Eisen, vermutlich auch Ga- oder As-Leerstellen) schließen läßt. Abb. 4.11 zeigt ein Beispiel für die Photolumineszenz-Spektren von GaAs-Proben mit und ohne tiefliegende Störstellenniveaus. Die — etwas aufwendigere — Anregung mit Kathoden-

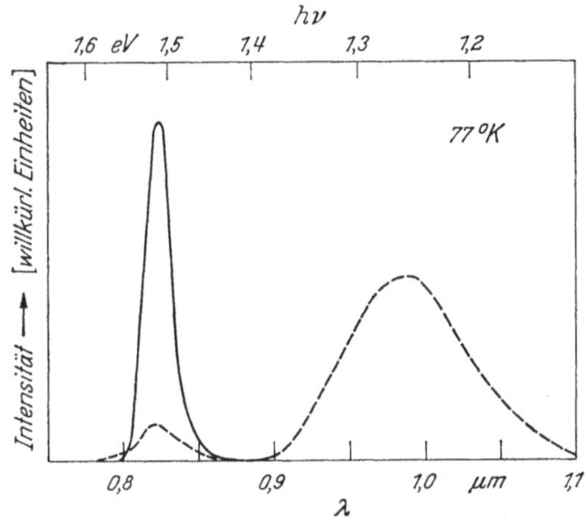

Abb. 4.11. Beispiele für Photolumineszenz-Spektren: — — — — — nach BRIDGMAN-Verfahren hergestelltes Galliumarsenid, ——————— durch Kristallisation aus nichtstöchiometrischer Schmelze erzeugte GaAs-Schicht. Nach [4.42]

strahlen ist insofern vorzuziehen als das Maximum der Anregung etwas *unterhalb der Halbleiteroberfläche* liegt, so daß der Einfluß der Oberfläche auf das Spektrum geringer als bei optischer Anregung ist.

Zur Erzeugung von Ätzgruben auf niedrig indizierten GaAs-Oberflächen (Sichtbarmachung der Durchstoßpunkte linienhafter Versetzungen mit der Oberfläche) ist folgende Ätzlösung geeignet [4.44]:

$$200 \text{ cm}^3 \text{ H}_2\text{O}, \ 800 \text{ mg AgNO}_3, \ 100 \text{ g CrO}_3, \ 100 \text{ cm}^3 \text{ HF}$$

(Ätzzeit ca. 10 min bei 65 °C). Die relativen Ätzraten auf verschiedenen Ebenen sind in Tab. 4.5 angegeben.

Die vorstehend genannte Ätzlösung ist auch zur Sichtbarmachung von Stapelfehlern bei Epitaxie auf (100)-Ebenen geeignet. Bei Epitaxieschichten auf ($\overline{1}\overline{1}\overline{1}$)-Ebenen wird die gleiche Ätzlösung, jedoch ohne CrO_3-Zugabe, verwendet.

Tabelle 4.5. *Relative Ätzraten der $AgNO_3/CrO_3/HF$-Ätzlösung auf niedrig indizierten Kristallebenen* [*4.44*]

Ebene	(100)	(111)	(110)	($\bar{1}\bar{1}\bar{1}$)
relative Ätzrate	1	0,71	0,69	0,50

Dotierungsschwankungen im Bereich um 10^{18} cm^{-3} können mittels Ultrarotdurchstrahlung sowie durch selektives Anätzen von Kristalloberflächen sichtbar gemacht werden [4.45], [4.46]. Als Ätzlösung dient z.B.

$$HNO_3/HF/H_2O \qquad (4:1:4)$$

bei Zimmertemperatur mit Belichtung, vorzugsweise auf (211)-Ebenen. Bei Durchstrahlung kleiner Bereiche des GaAs-Materials (Spaltbreite $\lesssim 100\,\mu$m, Länge $\lesssim 2$ mm) sind unter Verwendung registrierender Lichtmeßverfahren räumliche Schwankungen der Absorptionskonstanten und des Brechungsindex nachzuweisen [4.47].

Zur Unterscheidung der (111)- und der ($\bar{1}\bar{1}\bar{1}$)-Seite werden geläppte GaAs-Scheiben mit folgender Ätzlösung behandelt:

$$H_2O_2/NaOH/H_2O \qquad (9:1:2)\ .$$

Die (111)-Flächen erscheinen metallisch glänzend, die ($\bar{1}\bar{1}\bar{1}$)-Flächen dagegen dunkel (ähnlich einer leicht berußten Fläche).

Zur Sichtbarmachung von *pn*-Übergängen an Schrägschliffen und Spaltflächen dienen u.a. folgende Ätzverfahren:

1. Elektrolytische Ätzung in 5 % KOH,
2. $H_2O/H_2O_2/HF$ (10:1:1) $\Big\}$ ca. 20—40 s unter starker Belich-
3. 10 % HNO_3 tung.

Die Grenze zwischen Bereichen stark unterschiedlicher Leitfähigkeit (z.B. *n*-Schichten auf hochohmigem Substrat) wird am sichersten durch unterschiedliche elektrolytische Abscheidung eines Metalls (z.B. Gallium aus alkalischer Lösung) festgestellt. Weitere Ätzverfahren sind bei BOGENSCHÜTZ [4.48] zu finden.

Literatur Kapitel 4

[4.1]   BRETEQUE, P. DE LA in: WILLARDSON, R. K., and H. L. GOERING, Compound Semiconductors, New York: Reinhold Publishing Corp., 1962, p. 68.

[4.2]   BLUM, S. E. in: WILLARDSON, R. K., and H. L. GOERING, Compound Semiconductors, New York: Reinhold Publishing Corp., 1962, p. 85.

[4.3]   FOLBERTH, O. G. in: SAUTER, F. Halbleiterprobleme V. Friedr. Vieweg & Sohn, Braunschweig: 1966, p. 40.

[4.4]   WOODALL, J. M.: Electrochem. Technol. **2**, 167 (1963).

4.5 Prüfung des Kristallmaterials

[4.5] WOODALL, J. M., and J. F. WOODS: Solid-State Comm. **4**, 33 (1966).
[4.6] GREMMELMAIER, R.: Z. Naturforsch. **11a**, 511 (1956).
[4.7] STEINEMANN, A., and U. ZIMMERLI: Solid-State Electron. **6**, 597 (1963).
[4.8] CRONIN, G. R., M. E. JONES and O. WILSON: J. Electrochem. Soc. **110**, 582 (1963).
[4.9] MULLIN, J.B., B. W. STRAUGHAN and W. S. BRICKELL: J. Phys. Chem. Solids **26**, 782 (1965).
[4.10] LEWIS, J. C., B. REDFERN and F. C. COWLARD: Solid-State Electron. **6**, 251 (1963).
[4.11] AINSLIE, N. G., S. E. BLUM and J. F. WOODS: J. Appl. Phys. **33**, 2391 (1962).
[4.12] LIEBMANN, W. K. and G. KAMPSCHULTE: Solid-State Electron. **9**, 828 (1966).
[4.13] STEINEMANN, A., and U. ZIMMERLI in: PEISER, H. S., Crystal Crowth. Oxford: Pergamon Press, 1967, p. 81.
[4.14] ALLRED, W. P. in: WILLARDSON, R. K., and H. L. GOERING, Compound Semiconductors, Reinhold Publishing Corp., New York (1962), p. 266.
[4.15] KONTRIMAS, R., and A. E. BLAKESLEE: Electrochem. Technol. **6**, 78 (1968).
[4.16] GOTTLIEB, G. E., and J. F. CORBOY: RCA Rev. **24**, 585 (1963).
[4.17] SHAW, D. W.: J. Electrochem. Soc. **115**, 405 (1968).
[4.18] LEONHARDT, H. R.: J. Electrochem. Soc. **112**, 237 (1965).
[4.19] TIETJEN, J. J., and J. A. AMICK: J. Electrochem. Soc. **113**, 724 (1966).
[4.20] RUBENSTEIN, M., and E. MYERS: J. Electrochem. Soc. **113**, 365, (1966).
[4.21] SHAW, D. W.: J. Electrochem. Soc. **115**, 777 (1968).
[4.22] EWING, R. E., and P. E. GREENE: J. Electrochem. Soc. **111**, 1266 (1964).
[4.23] WILLIAMS, F. V., and R. A. RUEHRWEIN: J. Electrochem. Soc. **108**, 177C (1961)
[4.24] WILLIAMS, F. V.: J. Electrochem. Soc. **111**, 886 (1964).
[4.25] BLAKESLEE, A. E.: Electrochemical Society Meeting, Cleveland 1966.
[4.26] BOBB, L. C., H. HOLLOWAY, K. H. MAXWELL and E. ZIMMERMAN: J. Phys. Chem. Solids **27**, 1679 (1966).
[4.27] WOLFE, C. M., G. E. STILLMAN and W. T. LINDLEY: Gallium Arsenide: 1968 Symposium Proceedings, Institute of Physics and Physical Society, 43.
[4.28] BLAKESLEE, A. E.: Trans. Met. Soc. AIME **245**, 577 (1969).
[4.29] MOEST, R. R.: J. Electrochem. Soc. **113**, 141 (1966).
[4.30] REISMAN, A., and R. ROHR: J. Electrochem. Soc. **111**, 1425 (1964).
[4.31] AMICK, J. A.: RCA Rev. **24**, 555 (1963).
[4.32] VAN DER PAUW, L. J.: Philips Res. Rep. **13**, 1 (1958).
[4.33] VALDES, L. B.: Proc. IRE **42**, 420 (1954).
[4.34] EDDOLS, D. V.: physica status solidi **17**, 67 (1966).
[4.35] BOLGER, D. E., J. FRANKS, J. GORDON and J. WHITAKER: Gallium Arsenide: 1966 Symposium Proceedings, Institute of Physics and Physical Society, 16.
[4.36] NORWOOD, M. H.: J. Electrochem. Soc. **112**. 875 (1965).
[4.37] SPITZER, W. G., and J. M. WHELAN: Phys. Rev. **114**, 59 (1959).
[4.38] HILSUM, C., and B. HOLEMAN: Int. Conf. Semiconductor Physics, Prag 1960, p. 962.
[4.39] KINSEL, T., and I. KUDMAN: Solid-State Electron. **8**, 797 (1965).
[4.40] AUKKERMAN, L. W., M. F. MILLEA and M. McCOLL: J. Appl. Phys. **38**, 685 (1967).
[4.41] WITTRY, D. B., and D. F. KYSER: J. Appl. Phys. **38**, 375 (1967).
[4.42] PANISH, M. B., H. J. QUEISSER, L. DERICK and S. SUMSKI: Solid-State Electronics **9**, 311 (1966).
[4.43] CASEY, H. C., and R. H. KAISER: J. Electrochem. Soc. **114**, 149 (1967).

[4.44] ABRAHAMS, M. S., and C. J. BUIOCCHI: J. Appl. Phys. **36**, 2855 (1965).
[4.45] PLASKETT, T. S., and A. H. PARSONS: J. Electrochem. Soc. **112**, 954 (1965).
[4.46] ZIEGLER, G., und H.-J. HENKEL: Z. angew. Phys. **19**, 401 (1965).
[4.47] SALOW, H., und K.-W. BENZ: Z. angew. Phys. **19**, 157 (1965).
[4.48] BOGENSCHÜTZ, A. F.: Ätzpraxis für Halbleiter. München: C. Hanser 1967.

5. Diffusionstechnik

Die Diffusion von Donatoren und Akzeptoren ist eine in der Halbleitertechnologie weit verbreitete Methode zur Herstellung von inhomogenen Störstellenverteilungen, insbesondere in Form von pn-Übergängen. In der Siliziumplanartechnik werden alle Bauelemente (Transistoren, Dioden, Widerstände) im wesentlichen durch Anwendung des Diffusionsverfahrens gefertigt, wobei die maskierende (diffusionshemmende) Wirkung von SiO_2-Schichten zur lateralen Begrenzung der Bauelemente dient. Die Diffusionstechnik ist auch ein für die Herstellung von GaAs-Bauelementen wichtiges Hilfsmittel, jedoch müssen bei der Diffusion in Galliumarsenid erhebliche Schwierigkeiten technologischer Natur in Kauf genommen werden.

Eine Aussage über den Diffusionsmechanismus in Galliumarsenid läßt sich aus Messungen der Selbstdiffusionskoeffizienten von Gallium und Arsen in Galliumarsenid herleiten. Diese Messungen wurden von GOLDSTEIN unter Verwendung der radioaktiven Isotope ^{72}Ga (Halbwertzeit 14 h) und ^{76}As (Halbwertzeit 27 h) durchgeführt [5.1]. Die Eindiffusion von ^{76}As erfolgte aus der Gasphase, während ^{72}Ga vor der Diffusion in Form einer dünnen Schicht auf das Galliumarsenid aufgebracht wurde.

Die Selbstdiffusion von Gallium und Arsen in Galliumarsenid ist normal, d. h. das Konzentrationsprofil $C(x, t)$ der eindiffundierten Substanz läßt sich in Form einer Lösung des 2. FICKschen Gesetzes

$$\frac{\partial C}{\partial t} = D \frac{\partial^2 C}{\partial x^2} \tag{5.1}$$

mit geeigneten Randbedingungen darstellen (D = Diffusionskonstante, x = Abstand von der Halbleiteroberfläche, t = Zeit).

Bei der Diffusion von ^{76}As aus der Gasphase ergibt sich — bei hinreichendem Arsenvorrat — ein Konzentrationsprofil

$$C(x, t) = C_0 \left[1 - \frac{2}{\sqrt{\pi}} \int_0^{x/2\sqrt{Dt}} e^{-\xi^2} \, d\xi \right] \equiv C_0 \, \text{erfc} \, (x/2 \, \sqrt{Dt}) \tag{5.2}$$

mit zeitlich invarianter Oberflächenkonzentration C_0. Im Falle der Diffusion von Gallium aus einer dünnen, mengenmäßig begrenzten Schicht ist die Lösung

$$C(x, t) = \underline{C}\ \frac{1}{\sqrt{\pi Dt}}\ e^{-x^2/4Dt} \tag{5.3}$$

anzusetzen, wobei $\underline{C}$ die Flächendichte des aufgebrachten Galliums (Atome pro Flächeneinheit) bedeutet. Es wird hierbei angenommen, daß das gesamte ursprünglich auf der Oberfläche befindliche radioaktive Gallium in das Galliumarsenid hineindiffundiert.

Die Auswertung der experimentell für [76]As und [72]Ga erhaltenen Konzentrationsprofile mittels Gl. (5.2) und Gl. (5.3) liefert die Selbstdiffusionskoeffizienten, deren Temperaturabhängigkeit sich in Form einer ARRHENIUS-Gleichung

$$D = D_0\, e^{-E_a/kT} \tag{5.4}$$

darstellen läßt. Die Resultate von GOLDSTEIN [5.1] sind in Abb. 5.1 wiedergegeben (gestrichelt zum Vergleich: Selbstdiffusionskoeffizient von Silizium). Aus der Tatsache, daß die Aktivierungsenergien E_a der Selbstdiffusion von Gallium (5,6 eV) und Arsen (10,2 eV)* in Galliumarsenid sehr stark

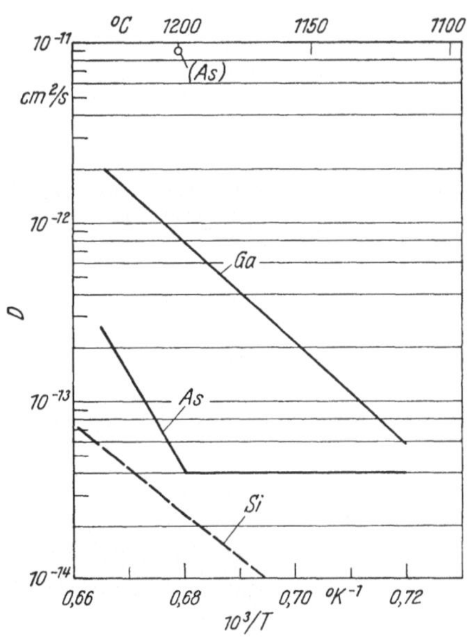

Abb. 5.1. Temperaturabhängigkeit der Selbstdiffusionskoeffizienten für Gallium und Arsen in Galliumarsenid [5.1], sowie für Silizium in Silizium [5.2]. (O Wert von KENDALL [5.5])

voneinander abweichen, wird geschlossen, daß die Selbstdiffusion jeweils nur innerhalb eines *Teilgitters* stattfindet, d.h. der Platzwechsel der Ga-Atome erfolgt über Leerstellen im *Ga-Teilgitter*, derjenige der As-Atome über Leerstellen im *As-Teilgitter*.

---

* Für Arsen konnte die Aktivierungsenergie der Selbstdiffusion nur im Bereich hoher Temperaturen ($T > 1200^0$ C) bestimmt werden. Bei $T < 1200^0$ C wird die Diffusionskonstante im Arsengitter so gering, daß die annähernd temperaturunabhängige Diffusion entlang von Gitterbaufehlern (Versetzungen) überwiegt (Abb. 5.1). Um Größenordnungen abweichende Werte für die Selbstdiffusion von Arsen wurden von HARPER und von KENDALL gefunden [5.5].

Das Modell der Diffusion in Teilgittern ist qualitativ in Übereinstimmung mit Messungen der Bildungsenergie von FRENKEL-Defekten durch Elektronenbeschuß [5.3]. Wie aus der folgenden Zusammenstellung hervorgeht, ist die zur Bildung eines As-FRENKEL-Defektes (Leerstelle im As-Teilgitter plus Arsenatom auf Zwischengitterplatz) aufzuwendende Energie größer als diejenige, die für einen Ga-FRENKEL-Defekt (Ga-Leerstelle plus Galliumatom auf Zwischengitterplatz) erforderlich ist. Ähnliche Verhältnisse liegen auch bei anderen III-V-Verbindungen vor. Die sehr hohe Aktivierungsenergie der Selbstdiffusion von Arsen in Galliumarsenid (10,2 eV) bildet allerdings eine Ausnahme von der Regel, daß die Aktivierungsenergie stets merklich unterhalb der entsprechenden Bildungsenergie eines FRENKEL-Defektes liegen sollte.

Tabelle 5.1. *Aktivierungsenergie der Selbstdiffusion und Bildungsenergie eines* FRENKEL-*Defektes für Ge in Ge, Si in Si, sowie Ga und As in GaAs*

	Ge	Si	GaAs Ga	GaAs As	
Aktivierungsenergie der Selbstdiffusion	3,0	5,1	5,6	10,2	[eV]
Bildungsenergie eines FRENKEL-Defektes	14,5	12,9	9,1	9,8	[eV]

In Analogie zum Mechanismus der Selbstdiffusion wird angenommen, daß auch die Diffusion der Substitutionsstörstellen in Galliumarsenid jeweils innerhalb eines Teilgitters erfolgt, d.h. Substituenten des Arsens diffundieren im As-Teilgitter, Substituenten des Galliums diffundieren im Ga-Teilgitter [5.4]. Diese Hypothese stützt sich auf einen Vergleich der Aktivierungsenergien für die Diffusion verschiedener Substitutionsstörstellen. In Tab. 5.2 sind die Resultate der Messungen von GOLDSTEIN und anderer Autoren zusammengestellt. Zieht man ausschließlich die auf einer *einheitlichen* Methode (Bestimmung der Diffusionsprofile mit radioaktiven Isotopen) beruhenden Messungen zu einem Vergleich heran, so ergibt sich ein deutlicher Unterschied zwischen den Aktivierungsenergien für die Diffusion von As-Substituenten ≈ 4 eV) und denjenigen für die Diffusion von Ga-Substituenten ($\approx 2,5$ eV), etwa entsprechend dem Verhältnis der Werte für die Selbstdiffusion von Arsen und Gallium.

Wie aus Tab. 5.2 ersichtlich, bestehen erhebliche Diskrepanzen zwischen den mit unterschiedlichen Meßmethoden erhaltenen Werten für die Diffusionskonstanten der Störstellen in Galliumarsenid.

Tabelle 5.2. *Zusammenstellung der wichtigsten Daten für die Diffusion von Substitutionsstörstellen in Galliumarsenid. Zur Erläuterung der Meßmethoden siehe Kap.* 5.1

	$D_0[\text{cm}^2/\text{s}]$	$E_a[\text{eV}]$	Temperaturbereich	Meßmethode	Lit.
Selbstdiffusion As	4×10^{21}	10,2	1200—1230° C	$C^*(x)$	[5.1]
Substituenten für As:					
S	4×10^3	4,0	1000—1200° C	$C^*(x)$	[5.1]
	2×10^{-4}	1,8	900—1075° C	x_j	[5.4]
	3×10^{-5}	1,9	900—1100° C	x_{j1}, x_{j2}	[5.6]
	2×10^{-5}	1,6	750—1000° C	$C^*(x)$	[5.5]
Se	3×10^3	4,2	1025—1200° C	$C^*(x)$	[5.1]
Selbstdiffusion Ga	10^7	5,6	1125—1230° C	$C^*(x)$	[5.1]
Substituenten für Ga:					
Mg	3×10^{-2}	2,7	925—1100° C	$C^*(x)$	[5.7]
Zn	15	2,5	650—1000° C	$C^*(x)$	[5.8]
	4,6	2,3	650— 800° C	C_0^*, x_j	[5.9]
Cd	5×10^{-2}	2,4	870—1150° C	$C^*(x)$	[5.8]
	5×10^{-2}	2,8	900—1100° C	$\sigma(x)$	[5.10]
Sn	6×10^{-4}	2,5	1070—1215° C	$C^*(x)$	[5.11]
	8×10^{-6}	1,8	900—1150° C	C_0^*, x_j	[5.9]
	5×10^{-2}	2,7	900—1100° C	$C^*(x)$	[5.12]

5.1 Diffusion aus der Gasphase

Bei den in der Diffusionstechnik vorherrschenden Verfahren läßt man dotierende Störstellen (Donatoren oder Akzeptoren) aus der Gasphase in den Halbleiter eindiffundieren. Der Störstellenvorrat in der Gasphase wird dabei so groß bemessen, daß während des Diffusionsvorganges eine *zeitlich konstante* Störstellenkonzentration an der Halbleiteroberfläche aufrechterhalten wird. Mit dieser Randbedingung ergibt sich als Lösung der Diffusionsgleichung (5.1) ein Konzentrationsprofil der eindiffundierten Störstellen gemäß Gl. (5.2), sofern die Diffusionskonstante *konzentrationsunabhängig* anzusetzen ist.

In der Germanium- und Siliziumtechnologie werden sowohl Diffusionsverfahren mit offenen Systemen als auch solche mit abgeschlossenen Ampullen angewandt. Bei der Diffusion in Galliumarsenid ist es erforderlich, einen merklichen Arsendampfdruck über dem Halbleitermaterial aufrechtzuerhalten, um eine Zersetzung der GaAs-Oberfläche zu verhindern. Es werden daher in der GaAs-Technologie Diffusionsverfahren vorgezogen, bei denen sich die GaAs-Plättchen, die Dotierungsquelle und eine abgewogene Menge Arsen in einer abgeschlossenen, evakuierten Quarzampulle befinden. Anstelle von elementarem Arsen können auch geeignete Verbindungen, beispielsweise GaAs-Pulver oder Arsenverbindungen der Donator- bzw. Akzeptorelemente, eingesetzt werden.

Die Erhaltung einer einwandfreien Oberfläche des Galliumarsenids während der Diffusion erfordert erhebliche Sorgfalt bei der Vorbereitung der Diffusionsampulle. Insbesondere ist es erforderlich, Spuren von Sauerstoff und Wasser zu vermeiden. Elementares Arsen ist nach dem Einwiegen stets mit einer dünnen Oxidhaut überzogen. Dieses Oxid kann durch Erhitzen auf 200 °C unmittelbar vor dem Abschmelzen der evakuierten Ampulle entfernt werden; der Verlust an elementarem Arsen ist bei dieser Temperatur gering. Die Arseneinwaage sollte so bemessen sein, daß der Arsendampfdruck während der Diffusion merklich oberhalb des Dissoziationsdruckes von Galliumarsenid (siehe Abb.2.6) liegt. Es ist bei der Diffusion ferner darauf zu achten, daß sich die Ampulle in einer Zone konstanter Temperatur befindet (Abweichung kleiner als 0,5 °C), damit Transportreaktionen, die durch Spuren von reaktionsfähigen Gasen in der Ampulle bewirkt werden können, vermieden werden. Als günstig hat sich ferner die Bedeckung der GaAs-Oberfläche mit einer Quarzplatte erwiesen [5.12]. Weitere Maßnahmen zum Schutz der GaAs-Oberfläche werden in den folgenden Kapiteln behandelt.

Aus der Theorie der Diffusion in den beiden Teilgittern des Galliumarsenids ist zu erwarten, daß die Diffusionskonstanten merklich vom Arsendruck über dem Halbleitermaterial abhängen. Die Konzentration der Gallium- und der Arsenleerstellen ist gegeben durch

$$[V_{Ga}] = k_1 \, (p_{As_4})^{1/4} \tag{5.5}$$

$$[V_{As}] = k_2 \, (p_{As_4})^{-1/4}, \tag{5.6}$$

sofern man in einem Druck- und Temperaturbereich arbeitet, in welchem der Anteil von As_4 gegenüber As_2 in der Gasphase überwiegt. Aus Gl. (5.5) und Gl. (5.6) folgt das Massenwirkungsgesetz für die Leerstellen

$$[V_{Ga}] \, [V_{As}] = k_3 \, . \tag{5.7}$$

Die Diffusionskonstanten für substitutionelle Diffusion sollten den Konzentrationen der Leerstellen der entsprechenden Teilgitter proportional sein, d.h. für Ga-Substituenten ist eine *Zunahme* der Diffusionskonstanten, für As-Substituenten eine *Abnahme* der Diffusionskonstanten mit steigendem Arsendruck zu erwarten. Bei der Diffusion von Germanium, Silizium (und vermutlich Zinn) kann außerdem die relative Besetzungswahrscheinlichkeit von Ga- und As-Plätzen durch den Arsendruck beeinflußt werden.

Wesentlich kompliziertere Verhältnisse liegen vor, wenn neben der vorstehend beschriebenen substitutionellen Diffusion auch ein merklicher Anteil der Störstellendiffusion über Zwischengitterplätze erfolgt (siehe z.B. Kap. 5.12.2).

Die Auswertung von Diffusionsexperimenten zur Bestimmung der Diffusionskonstanten D wird nach folgenden Methoden durchgeführt:

1. Diffusion mit radioaktiven Isotopen und Abtragung dünner Schichten (mechanisch [5.13] oder chemisch). Durch Messung der Aktivität der abgetragenen Schichten erhält man das Diffusionsprofil, welches bei „normaler" Diffusion und hinreichender Störstellenreserve den durch Gl. (5.2) gegebenen Verlauf aufweist. Anpassung von Gl. (5.2) an die experimentellen Konzentrationsdaten liefert die Diffusionskonstante D. Diese Methode ist in Tab. 5.2 mit „$C^*(x)$" bezeichnet.

2. Diffusion von Donatoren in p-leitendes Material bzw. von Akzeptoren in n-leitendes Material. Unter Abtragung dünner Schichten wird das Profil der Leitfähigkeit ermittelt und hieraus — unter Verwendung eines empirischen Zusammenhanges zwischen Störstellenkonzentration und Ladungsträgerbeweglichkeit — das Störstellenprofil bestimmt (Methode „$\sigma(x)$").

3. Diffusion von Donatoren in p-leitendes Material mit der Akzeptorendichte N_A bzw. Diffusion von Akzeptoren in n-leitendes Material mit der Donatorendichte N_D. Sofern N_A bzw. N_D kleiner als die Oberflächenkonzentration C_0 der diffundierenden Störstellen ist, resultiert ein pn-Übergang, dessen Abstand x_j von der Oberfläche durch Anschleifen und Anätzen gemessen werden kann. Unter den genannten Voraussetzungen („normale" Diffusion, Störstellenreserve) folgt aus Gl. (5.2)

$$C(x_j) = N_A = C_0 \operatorname{erfc} (x_j/2 \sqrt{Dt})$$

bzw.

$$C(x_j) = N_D = C_0 \operatorname{erfc} (x_j/2 \sqrt{Dt}).$$

(5.8)

Die Anwendbarkeit von Gl. (5.8) ist allerdings an die zusätzliche Bedingung geknüpft, daß die Dotierung des Halbleiter-Grundmaterials sich während der Diffusion nicht ändert (z.B. durch Ausdiffusion von Störstellen oder thermische Konversion). Für die Zeitabhängigkeit der Diffusionstiefe x_j gilt dann

$$x_j \sim \sqrt{Dt} \, ,$$

(5.9)

wobei der Proportionalitätsfaktor das Verhältnis C_0/N_A (bzw. C_0/N_D) enthält. Neben der Messung von $x_j(t)$ ist also noch eine Bestimmung der Oberflächenkonzentration C_0 durch Radiotracermethoden, Röntgenfluoreszenz, Leitfähigkeitsmessungen o.ä. erforderlich. Wie das Nomogramm in Abb. 5.2 zeigt, genügt hierbei eine relativ grobe Abschätzung für C_0, sofern $C_0/N_A > 100$ (bzw. $C_0/N_D > 100$) ist.

Die vorstehend beschriebene Methode ist in Tab. 5.2 mit „C_0^*, x_j" bezeichnet.

4. Diffusion von Störstellen in Halbleitermaterial entgegengesetzten Leitungstyps mit (mindestens) zwei verschiedenen Störstellenkonzen-

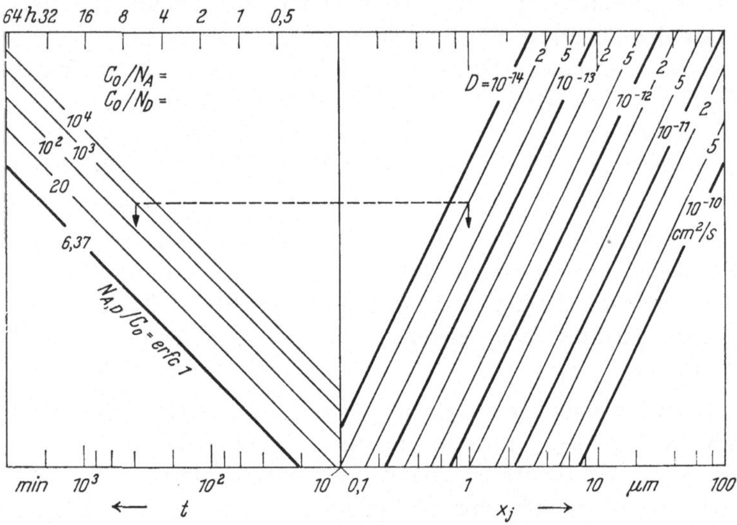

Abb. 5.2. Nomographische Darstellung des Zusammenhanges zwischen Diffusionstiefe x_j, Diffusionskonstante D, Diffusionszeit t und dem Konzentrationsverhältnis C_0/N_A (bzw. C_0/N_D) gemäß Gl. (5.8). Gestrichelt: Anwendungsbeispiel

trationen N_{A1} und N_{A2} (bzw. N_{D1} und N_{D2}). Man erhält dann zwei verschiedene Werte für die Tiefe des pn-Überganges (x_{j1} und x_{j2}) und kann — bei Erfüllung der unter 3. genannten Voraussetzungen — die Oberflächenkonzentration eliminieren [5.14]:

$$\frac{N_{A1}}{N_{A2}} \left(\text{bzw. } \frac{N_{D1}}{N_{D2}}\right) = \frac{\text{erfc}\left(x_{j1}/2\sqrt{Dt}\right)}{\text{erfc}\left(x_{j2}/2\sqrt{Dt}\right)} . \tag{5.10}$$

Diese Methode trägt in Tab. 5.2 die Bezeichnung „x_{j1}, x_{j2}".

5.11 Donatordiffusion aus der Gasphase

Zur Donatordiffusion in Galliumarsenid werden die Elemente Schwefel, Selen, Tellur (VI. Gruppe des Periodischen Systems), sowie die Elemente Zinn und Silizium (IV. Gruppe) verwendet. Die Diffusion von Silizium kann mit Vorteil aus einer direkt auf das Galliumarsenid aufgebrachten Siliziumschicht erfolgen; sie wird demgemäß in Kap. 5.21 behandelt.

Bei der Diffusionstechnik mit den Elementen der VI. Gruppe des Periodischen Systems müssen Vorkehrungen getroffen werden, um eine chemische Reaktion der GaAs-Oberfläche mit den Donatorelementen (Bildung von Galliumsulfid, -selenid und -tellurid) zu vermeiden. Zwei Verfahren bieten sich hierfür an: 1. starke Verdünnung der Donatorenkonzentration in der Gasphase, 2. Schutz der GaAs-Oberfläche mittels einer für die Donatordiffusion hinreichend durchlässigen Schicht (z.B. Siliziummmonoxid).

Bei der Diffusion von Zinn in Galliumarsenid tritt keine Oberflächenreaktion auf. Die Zinndiffusion ist daher technologisch leichter zu beherrschen und wird gegenüber anderen Donatordiffusionsverfahren bevorzugt. Die in Sn-diffundierten Schichten maximal erreichbare Elektronenkonzentration ist allerdings vermutlich etwas geringer als in Schichten, die durch Diffusion mit Elementen der VI. Gruppe hergestellt werden.

Bei der Auswertung von Donatordiffusionsexperimenten treten insbesondere folgende Probleme auf:

Bei Donatorenkonzentrationen über 10^{18} cm^{-3} ist nicht mehr mit einer statistisch verteilten Substitution von Arsenatomen zu rechnen. Es werden vielmehr — im Falle der Elemente Schwefel, Selen und Tellur — Komplexe der Form $(V_{Ga})S_3$, $(V_{Ga})Se_3$, $(V_{Ga})Te_3$ gebildet, während bei Silizium und Zinn vermutlich mit steigender Konzentration in zunehmendem Maße eine paarweise Besetzung von Arsen- und Galliumplätzen stattfindet. In jedem Falle dürfte das einfache Modell der Diffusion im As-Teilgitter in dem genannten Konzentrationsbereich mindestens teilweise versagen. Auch können Störstellenkonzentrationen über 2×10^{18} cm^{-3} nur näherungsweise aus Messungen der Leitfähigkeit erschlossen werden (siehe Abb. 2.8).

Im Bereich kleiner Störstellenkonzentrationen existieren einerseits die Grenzen radiochemischer Nachweismethoden, andererseits ist zur einwandfreien Bestimmung von x_j (Abstand eines pn-Überganges von der Oberfläche) ein Halbleitermaterial mit einer Akzeptorendichte von mindestens 10^{17} cm^{-3} erforderlich, um merkliche thermische Materialveränderungen während des Diffusionsprozesses zu vermeiden. Es steht somit zur Beobachtung der „normalen" Diffusion von Donatoren lediglich ein Konzentrationsbereich, der etwa eine Größenordnung umspannt, zur Verfügung.

Die Anwendung der Diffusionstheorie wird ferner dadurch erschwert, daß bei den für die Donatordiffusion erforderlichen Temperaturen — je nach Störstellenkonzentration — teilweise Eigenleitung und teilweise Störstellenleitung überwiegt (siehe Abb. 2.4).

5.11.1 Schwefeldiffusion

Experimentelle Untersuchungen über die Diffusion von Schwefel in
Galliumarsenid wurden von GOLDSTEIN [5.1], VIELAND [5.4], FRIESER
[5.6] und KENDALL [5.5] durchgeführt. Die Bildung von Sulfiden an der
GaAs-Oberfläche kann vermieden werden, wenn die Schwefelkonzen-
tration in der Gasphase den Wert 3×10^{16} Atome/cm³ nicht überschreitet.
Eine derartige Konzentration läßt sich durch Einwaage äußerst geringer
Mengen elementaren Schwefels, durch Verwendung von schwefeldotier-

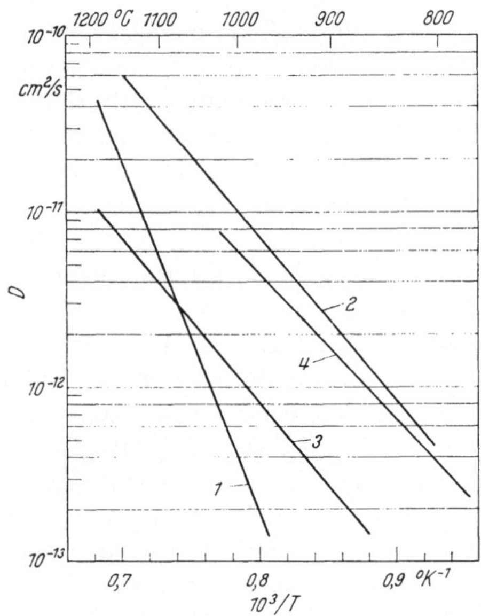

Abb. 5.3. Temperaturabhängigkeit des Diffusionskoeffizienten für Schwefel in
Galliumarsenid (1 GOLDSTEIN [5.1], 2 VIELAND [5.4], 3 FRIESER [5.6], 4 KENDALL
[5.5])

tem GaAs-Pulver als Quelle, sowie durch Einsatz von Schwefelverbin-
dungen mit hinreichend geringem Schwefeldampfdruck einstellen. Für
die letztgenannte Methode eignen sich u.a. folgende Verbindungen:
Al_2S_3, As_2S_2, As_2S_3, Ga_2S_3, GeS, GeS_2, In_2S_3 [5.6].

Die Bildung von Sulfiden an der GaAs-Oberfläche kann ferner
durch Aufbringung einer SiO-Schutzschicht vermieden werden. Die
SiO-Schicht bewirkt eine Herabsetzung der Schwefelkonzentration an
der GaAs-Oberfläche. Beispielsweise ist eine Schicht von 2000 Å Siliziummonoxid unter folgenden Diffusionsbedingungen ausreichend:
1040 °C, 120 h, schwefeldotiertes Galliumarsenid (3×10^{18} cm⁻³) als
Quelle [5.15]. Bei Verwendung von SiO-Schichten findet möglicherweise

auch eine gleichzeitige Diffusion des (ebenfalls n-dotierenden) Siliziums in das Galliumarsenid statt. Ferner ist die Reinheit des kommerziell erhältlichen Siliziummonoxids bisher unbefriedigend.

Experimentelle Daten für die Diffusion von Schwefel in Galliumarsenid sind in Abb. 5.3 zusammengestellt. Diese Werte wurden mittels der in Kap. 5.1 beschriebenen Methoden gewonnen. Es fällt auf, daß die unter Verwendung von x_j berechneten Diffusionskonstanten eine erheblich geringere Aktivierungsenergie als die durch Auswertung radioaktiver Diffusionsprofile erhaltenen Werte aufweisen. Diese Diskrepanz dürfte teilweise mit den unter 5.11 erläuterten prinzipiellen Schwierigkeiten bei der Auswertung von Donatordiffusionsexperimenten zusammenhängen. Es ist andererseits nicht ausgeschlossen, daß unter bestimmten Bedingungen eine anomale Schwefeldiffusion (außerhalb des As-Teilgitters) stattfindet. Merklich voneinander abweichende Resultate wurden ferner für die Schwefeldiffusion in Zn- und Cd-dotiertem Galliumarsenid berichtet [5.6].

Die Eindringtiefe x_j bei Schwefeldiffusion ist nach VIELAND im Bereich von 1 bis 5 atm vom Arsendruck unabhängig [5.16].

5.11.2 Selendiffusion

Die Methoden der Selendiffusion in Galliumarsenid sind denen der Schwefeldiffusion sehr ähnlich. Um die Bildung von Galliumselenid an der Oberfläche des Galliumarsenids zu vermeiden, muß mit einer äußerst geringen Selenkonzentration in der Gasphase gearbeitet werden. Bei Konzentrationen um $3 - 5 \times 10^{17}$ Se-Atome/cm³ erhält man diffundierte Schichten mit einwandfreier Oberflächenbeschaffenheit, jedoch zeigt das Diffusionsprofil merkliche Anomalien in Oberflächennähe. In Abb. 5.4 sind experimentelle Ergebnisse der Selendiffusion von GOLDSTEIN [5.1] und von FANE und GOSS [5.12] dargestellt*. Bei GOLDSTEIN ergab sich ein Oberflächenbereich *konstanter* Selenkonzentration, während bei FANE und GOSS eine Abweichung vom Normalprofil in Richtung *höherer Konzentration* auftrat. Derartige Unterschiede können u.a. durch unterschiedliche Vorbehandlung (läppen, polieren) des GaAs-Plättchens hervorgerufen werden.

Bei der Auswertung der Messungen von GOLDSTEIN wurde der Ursprung der Ortskoordinate an das Ende der Zone konstanter Störstellenkonzentration verlegt. Die so korrigierten Daten (Abb. 5.4) konnten mit dem Normalverlauf des Diffusionsprofils Gl. (5.2) gedeutet werden. Die Temperaturabhängigkeit der daraus resultierenden Diffusionskoeffizienten ist in Abb. 5.5 zu finden. Ein analoges Verfahren bei den Messungen

---

* Oberflächenkonzentration in beiden Fällen ca. 10^{21} cm⁻³.

von FANE und GOSS (Nichtberücksichtigung einer Oberflächenschicht von 1,5 μm Dicke mit anomalem Störstellenverlauf) führt auf $D = 5 \times 10^{-13}$ cm²/s bei 1100 °C.

Die Messungen von FANE und GOSS deuten auf eine weitere Anomalie im Bereich *kleiner* Selenkonzentrationen in Galliumarsenid hin. Es werden „Diffusionsausläufer" mit relativ großer Eindringtiefe beobach-

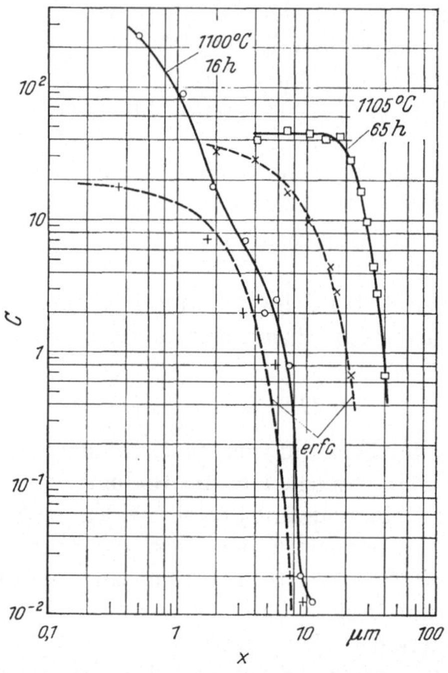

Abb. 5.4. Konzentrationsverlauf bei Selendiffusion in Galliumarsenid: —□—□— Messungen von GOLDSTEIN, —x——x— korrigierte Werte. —o—o— Messungen von FANE und GOSS, —+——+— korrigierte Werte. Ordinatenmaßstab in willkürlichen Einheiten

tet; diese können u. a. durch die erhöhte Diffusionsrate entlang von Versetzungen gedeutet werden. Die Beeinflussung der Selendiffusion durch den Arsendruck ist verhältnismäßig gering. Im Bereich von 0,1 bis 10 atm (bei 1100 °C) findet man lediglich eine Variation der Eindringtiefe (x_j) um den Faktor 1,5 [5.12].

Neben elementarem Selen und selendotiertem Galliumarsenid können u. a. folgende Verbindungen als Störstellenquelle bei der Selendiffusion eingesetzt werden: Al_2Se_3, As_2Se_3, As_2Se_5, $MoSe_2$ [5.6].

Eine aufgedampfte SiO-Schicht von 2500 Å verhindert die Bildung von Seleniden an der GaAs-Oberfläche bei folgenden Diffusionsbedingungen: 1050 °C, 120 h, Se-Konzentration in der Gasphase $2 - 5 \times 10^{17}$ Atome/cm³ [5.15]. Die Eindringtiefe ist unter diesen Bedingungen $x_j = 7{,}2\,\mu m$ (Grundmaterial Cd-dotiert, $p = 3 \times 10^{17}$ cm⁻³). Die Dicke der SiO-Schicht ist dabei nicht kritisch; bei einer SiO-Schicht von 20 000Å beträgt die Eindringtiefe unter sonst gleichen Diffusionsbedingungen noch $x_j = 5{,}6\,\mu m$.

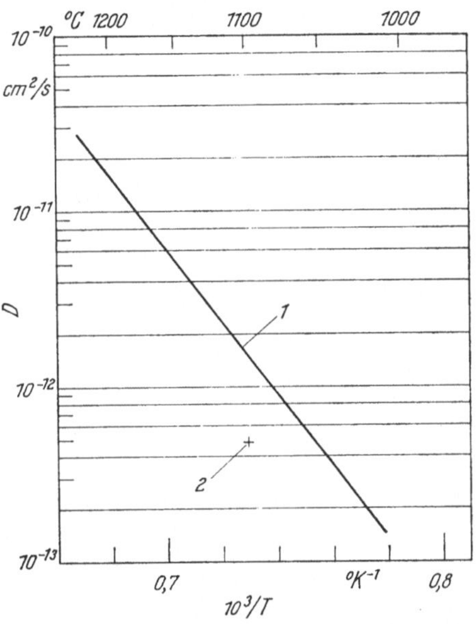

Abb. 5.5. Temperaturabhängigkeit des Diffusionskoeffizienten für Selen in Galliumarsenid (1 GOLDSTEIN [5.1], 2 FANE und GOSS [5.12])

5.11.3 Tellurdiffusion

Die Diffusion von Tellur in Galliumarsenid wurde bisher noch nicht systematisch untersucht. Bei vereinzelten Diffusionsexperimenten wurden Methoden angewandt, die zu den in Kap. 5.11.1 und 5.11.2 beschriebenen analog sind: geringe Tellurkonzentration in der Gasphase, Verwendung von Al_2Te_3 als Dotierungsquelle, Schutz der GaAs-Oberfläche durch eine SiO-Schicht. Die Diffusionskonstante für Tellur in Galliumarsenid beträgt rd. 10^{-13} cm²/s bei 1000 °C und 2×10^{-12} cm²/s bei 1100 °C [5.5].

Bei der Anwendung von SiO-Schutzschichten ist zu berücksichtigen, daß Siliziumdioxid stark maskierend auf die Tellurdiffusion wirkt. Wenn das aufgedampfte Siliziummonoxid merkliche Anteile von Siliziumdioxid enthält (z.B. durch Aufdampfen in schlechtem Vakuum), resultiert eine erheblich geringere Eindringtiefe des Tellurs als bei einer reinen Siliziummonoxidschicht.

5.11.4 Zinndiffusion

Die Diffusion von Zinn in Galliumarsenid ist technologisch leichter
zu beherrschen als die Schwefel-, Selen- und Tellurdiffusion, da mit
Zinn keine chemische Reaktion an der GaAs-Oberfläche auftritt. Die
Zinndiffusion ist daher ein in der Technologie der GaAs-Bauelemente
weit verbreiteter Verfahrensschritt.

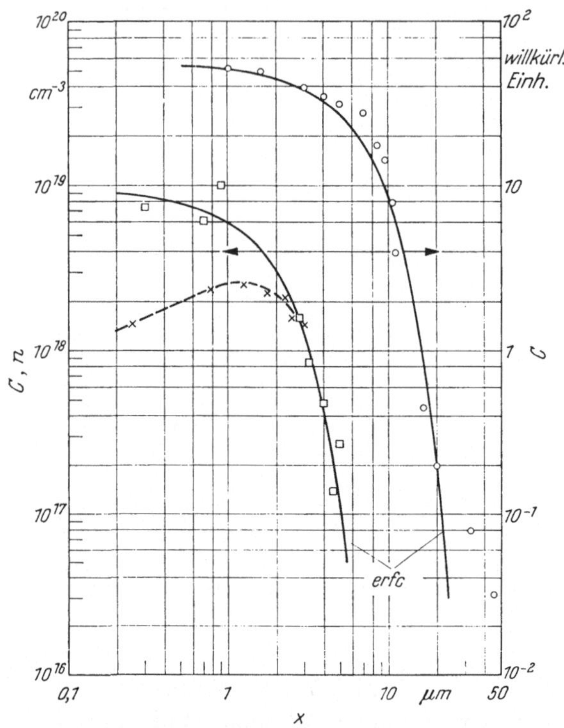

Abb. 5.6. Konzentrationsprofile bei Zinndiffusion in Galliumarsenid: —o—o—
FANE und GOSS (^{113}Sn), —□—□— GANSAUGE (^{113}Sn), —×——×— GANSAUGE
(Elektronenkonzentration). Linker und rechter Ordinatenmaßstab nicht korreliert

Als Dotierungsquelle wird bei der Zinndiffusion vorwiegend elementares Zinn verwendet. Um eine Oberflächenerosion während der Diffusion zu verhindern, sind die in Kap. 5.1 erläuterten Vorkehrungen zu
treffen: hinreichender Arsendruck (meist etwa 1 atm), Vermeidung von
Sauerstoff und anderer reaktionsfähiger Gase, Bedeckung der GaAs-
Oberfläche mit einer Quarzplatte.

Zwei Konzentrationsprofile, die experimentell durch Diffusion mit
radioaktivem ^{113}Sn erhalten wurden, sind in Abb. 5.6 wiedergegeben.
Wie die Kurve nach FANE und GOSS zeigt, kann das Sn-Diffusionsprofil

nur in einem Teilbereich mit dem komplementären Fehlerintegral Gl.
(5.2) gedeutet werden. Diffusionsausläufer geringer Konzentration erstrecken sich — ähnlich wie bei der Selendiffusion — bis tief in das Halbleiterinnere hinein. Messungen der Tiefe von pn-Übergängen, die mittels Zinndiffusion hergestellt wurden, ergeben meist eine etwas *geringere*
Eindringtiefe als nach den Diffusionsprofilen mit radioaktivem Zinn
zu erwarten wäre. Es muß daher angenommen werden, daß die Diffusionsausläufer Zinn in elektrisch inaktiver Form enthalten.

Bei dem in Abb. 5.6 dargestellten Konzentrationsprofil nach GANS-
AUGE wurde gleichzeitig mit der Bestimmung des ^{113}Sn-Gehaltes auch

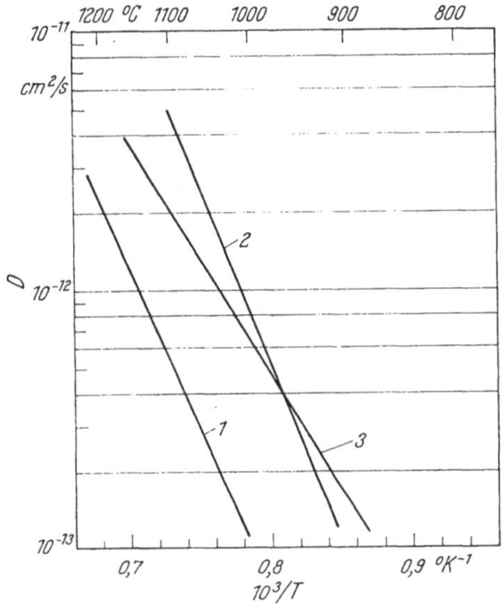

Abb. 5.7. Temperaturabhängigkeit des Diffusionskoeffizienten für Zinn in Galliumarsenid (1 GOLDSTEIN und KELLER [5.11], 2 FANE und GOSS [5.12], 3 GANSAUGE [5.9])

eine Messung der Ladungsträgerkonzentration durchgeführt. Wie Abb.
5.6 zeigt, liegt die Elektronendichte merklich unter der Zinnkonzentration, wenn letztere den Wert 2×10^{18} cm^{-3} überschreitet. In diesem Fall
ist ein erheblicher Anteil des Zinns paarweise auf Gallium- und Arsenplätzen in das Gitter eingebaut. Darüber hinaus ist bemerkenswert,
daß die Ladungsträgerkonzentration bei Annäherung an die Halbleiteroberfläche sogar abnimmt (trotz ansteigender Zinnkonzentration!).

Die Temperaturabhängigkeit der Diffusionskonstanten für Zinn in
Galliumarsenid nach Messungen verschiedener Autoren ist in Abb. 5.7
dargestellt.

Der Arsendampfdruck hat folgenden Einfluß auf die Zinndiffusion
in Galliumarsenid:

1. Die mit steigendem Arsendruck nach Gl. (5.5) zunehmende Konzentration an Galliumleerstellen führt zu einer Erhöhung der Diffusionsrate des im Ga-Teilgitter diffundierenden Zinns.

2. Bei zunehmendem Angebot an Ga-Leerstellen und gleichzeitiger Abnahme der Konzentration der As-Leerstellen nach Gl. (5.6) wird die Möglichkeit des elektrisch inaktiven Einbaues von Zinn (paarweise auf Gallium- und Arsenplätzen) eingeschränkt, d.h. mit steigendem Arsendruck ist eine Zunahme der Elektronenkonzentration zu erwarten.

Nach bisher vorliegenden experimentellen Ergebnissen ist der Einfluß des Arsendruckes auf die Diffusionskonstante bei niedrigen Diffusionstemperaturen stärker ausgeprägt [5.12], [5.16]. Der zu erwartende Einfluß des Arsendruckes auf die Ladungsträgerkonzentration wurde experimentell noch nicht nachgewiesen.

5.12 Akzeptordiffusion aus der Gasphase

Für die Akzeptordiffusion in Galliumarsenid können folgende Elemente der II. Gruppe des Periodischen Systems verwendet werden: Beryllium, Magnesium, Zink, Cadmium, Quecksilber. Die Berylliumdiffusion wird vorwiegend aus einer direkt auf das Galliumarsenid aufgebrachten Be-Schicht durchgeführt; diese Technik wird in Kap. 5.22 beschrieben. Die Diffusion von Quecksilber in Galliumarsenid ist technisch ohne Bedeutung, da die Diffusionskonstante sehr klein ist ($\approx 10^{-15}$ cm²/s bei 1000 °C). Von den drei verbleibenden Elementen der II. Gruppe ist Zink das in der GaAs-Diffusionstechnik bei weitem wichtigste Akzeptorelement.

Außer den Elementen der II. Gruppe des Periodischen Systems wird in der Technologie der GaAs-Bauelemente auch Mangan zur Akzeptordiffusion verwendet. Die häufig unbeabsichtigt erfolgende Diffusion von Kupfer (durch Verunreinigung der Diffusionsquellen oder der GaAs-Oberfläche) soll hier nicht behandelt werden.

5.12.1 Magnesiumdiffusion

Die systematische Untersuchung der Magnesiumdiffusion ist erschwert durch die Tatsache, daß bei Magnesium kein für Diffusionsexperimente hinreichend langlebiges radioaktives Isotop existiert. Aus elektrischen Messungen ist zu schließen, daß das Diffusionsprofil „normal" ist, d.h. einen Verlauf nach Gl. (5.2) aufweist. Die Temperaturabhängigkeit des Diffusionskoeffizienten ist in Abb. 5.8 wiedergegeben.

Als Quellenmaterial für die Magnesiumdiffusion werden elementares Magnesium oder Magnesiumverbindungen (z.B. Mg_2Sb_3) eingesetzt. Es ist dabei zu berücksichtigen, daß Magnesium häufig u.a. Mangan als

Verunreinigung enthält. Da Mangan ebenfalls als Akzeptor wirkt, ist es u. U. schwierig zu entscheiden, welches das wirksame Dotierungselement ist.

5.12.2 Zinkdiffusion

Die Zinkdiffusion ist die derzeit wichtigste Methode zur Erzeugung von pn-Übergängen in Galliumarsenid. Neben der technischen Bedeutung ist aber auch die Tatsache hervorzuheben, daß am Beispiel der Zinkdiffusion das Zusammenwirken der Diffusion über Gitterplätze und über Zwischengitterplätze besonders gut untersucht werden konnte.

Bei geringer Zinkkonzentration ($\lesssim 3 \times 10^{18}$ cm^{-3}) ist die substitutionelle Diffusion (über Ga-Gitterplätze) vorherrschend. Der Verlauf des Diffusionsprofils wird durch Gl. (5.2) wiedergegeben, und die Diffusionskonstante ist in der für substitutionelle Diffusion zu erwartenden Größenordnung.

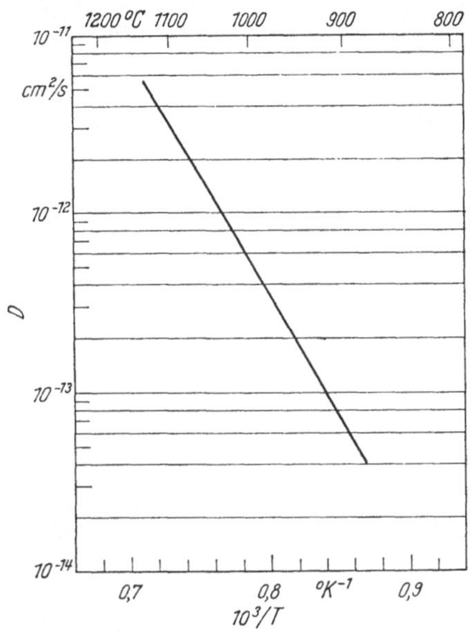

Abb. 5.8. Temperaturabhängigkeit des Diffusionskoeffizienten für Magnesium in Galliumarsenid (MOORE u. a. [5.7])

Zur Durchführung einer Zinkdiffusion mit kleiner Oberflächenkonzentration verwendet man vorzugsweise eine Quelle, bei der eine geringe Menge Zink in Gallium gelöst ist. Abb. 5.9 zeigt Diffusionsprofile, die mit Quellen von Ga + 1% Zn, Ga + 0,1% Zn und Ga + 0,01% Zn bei 1000 °C erhalten wurden [5.17]. Während die beiden Quellen kleiner Zn-Konzentration Diffusionsprofile liefern, die durch das komplementäre Fehlerintegral angenähert werden können, treten mit einer Quelle von Ga + 1% Zn bereits merkliche Abweichungen vom „idealen" Verlauf des Diffusionsprofils auf. In Tab. 5.3 sind Meßresultate bei verschiedenen Diffusionsbedingungen zusammengestellt. Hinsichtlich der mit verschiedenen Zn/Ga-Quellen erhaltenen Oberflächenkonzentrationen bestehen leichte Diskrepanzen, die vermutlich auf Schwierigkeiten bei der Herstellung homogener, reproduzierbarer Zn/Ga-Legierungen zurückzuführen sind.

Während die Diffusion über Zwischengitterplätze in dem genannten Konzentrationsbereich ($\lesssim 3 \times 10^{18}$ cm^{-3}) zu vernachlässigen ist, muß speziell bei kleiner Zn-Konzentration der Einfluß von Gitterbaufehlern

Tabelle 5.3. *Oberflächenkonzentration, Diffusionskonstante und Aktivierungsenergie bei Diffusion mit Zn/Ga-Quellen*

Diffusions-Temperatur	Quelle	$10^{-18}\, C_0$ [cm^{-3}]	$10^{12}\, D$ [cm^2/s]	E_a [eV]	Lit.
1000° C	Ga + 1% Zn	10	70		
	Ga + 0,1% Zn	3	3		[5.17]
	Ga + 0,01% Zn	1	2		
1000° C	Ga + 1% Zn	5	10		
				1,4	
900° C		4	4		
1000° C	Ga + 0,1% Zn	0,8	1		[5.9]
				1,9	
900° C		0,7	0,3		

auf die Diffusion berücksichtigt werden. Man findet beispielsweise merkliche Unterschiede in der Diffusionstiefe bei GaAs-Material verschiedener Herkunft. Wie Tab. 5.4 zeigt, ist insbesondere die Eindringtiefe bei Material aus tiegelfreier Zonenschmelze infolge höherer Versetzungsdichte häufig größer als bei tiegelgezogenem Material.

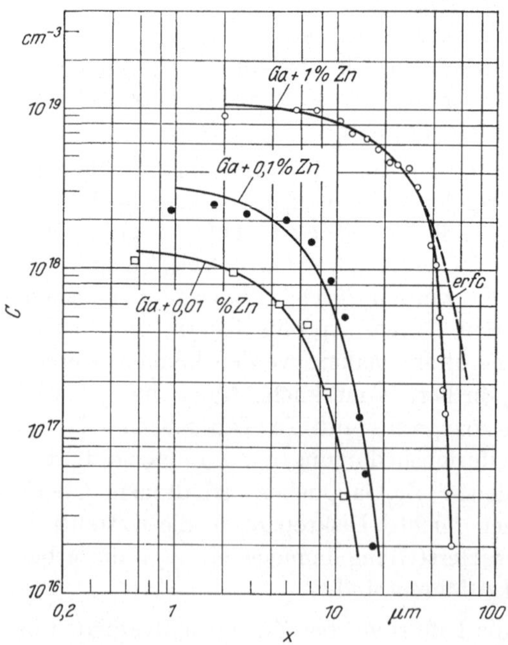

Abb. 5.9. Diffusionsprofile bei Zinkdiffusion mit verschiedenen Zn/Ga-Quellen [5.17]

Tabelle 5.4. *Tiefe des pn-Überganges bei Zn-Diffusion (Quelle Ga + 0,1% Zn) in n-Material (Donatorendichte N_D) verschiedener Herstellungsart*

Diffusion		Material aus tiegel-freier Zonen-schmelze		Gezogenes Material	
Temp. [°C]	Zeit [h]	$10^{-16} N_D$ [cm^{-3}]	x_j [μm]	$10^{-16} N_D$ [cm^{-3}]	x_j [μm]
900	8	5,1	1,6	4,8	1,4
900	24	5,9	3,5	6,1	2,9
1000	4	4,7	3,2	4,6	1,9
1000	8	4,7	3,7	4,5	2,4

Bei einer Zinkkonzentration $\gtrsim 3 \times 10^{18}$ cm^{-3} tritt neben der substitutionellen Diffusion auch die Diffusion über Zwischengitterplätze in Erscheinung. Aus der Verteilung der Gesamtzinkkonzentration

$$C = C_{\mathrm{Gi}} + C_{\mathrm{Zw}} \tag{5.11}$$

auf Gitterplätze (C_{Gi}) und auf Zwischengitterplätze (C_{Zw}) ergibt sich eine effektive Diffusionskonstante

$$D = D_{\mathrm{Gi}} \frac{C_{\mathrm{Gi}}}{C_{\mathrm{Gi}} + C_{\mathrm{Zw}}} + D_{\mathrm{Zw}} \frac{C_{\mathrm{Zw}}}{C_{\mathrm{Gi}} + C_{\mathrm{Zw}}} \, , \tag{5.12}$$

wobei D_{Gi} die Diffusionskonstante der substitutionellen Diffusion, D_{Zw} diejenige der Diffusion über Zwischengitterplätze, sowie $C_{\mathrm{Gi}}/(C_{\mathrm{Gi}} + C_{\mathrm{Zw}})$ und $C_{\mathrm{Zw}}/(C_{\mathrm{Gi}} + C_{\mathrm{Zw}})$ die Aufenthaltswahrscheinlichkeiten auf den entsprechenden Plätzen bedeuten. Unter normalen Diffusionsbedingungen ist stets $C_{\mathrm{Zw}} \ll C_{\mathrm{Gi}}$, d.h. $C \approx C_{\mathrm{Gi}}$, so daß sich Gl. (5.12) vereinfacht zu

$$D = D_{\mathrm{Gi}} + D_{\mathrm{Zw}} \frac{C_{\mathrm{Zw}}}{C_{\mathrm{Gi}}} \, . \tag{5.13}$$

Wegen $D_{\mathrm{Zw}} \gg D_{\mathrm{Gi}}$ kann die Diffusion über Zwischengitterplätze u.U. auch dann dominieren, wenn sich jeweils nur ein Bruchteil der Zinkatome auf Zwischengitterplätzen befindet.

Zink auf Ga-Gitterplätzen wirkt als Akzeptor, weist jedoch im Zwischengitter Donatoreigenschaften auf. Es gilt daher unter Berücksichtigung der Ladungserhaltung folgende Reaktionsgleichung in stark p-dotiertem Material*:

$$C_{\mathrm{Gi}} + p \rightleftharpoons C_{\mathrm{Zw}} - p \tag{5.14}$$

---

* Vorausgesetzt, daß jeweils nur *ein* Elektron aufgenommen bzw. abgegeben wird (*einfacher* Akzeptor bzw. *einfacher* Donator).

(Ladungsträger aus der Eigenleitung des Galliumarsenids vernachlässigt).
Nach dem Massenwirkungsgesetz folgt

$$\frac{C_{\mathrm{Zw}}}{C_{\mathrm{Gi}}} = k_4\, p^2 \approx k_4\, C^2 , \qquad\qquad (5.15)$$

da die Löcherkonzentration p auch im Bereich um 10^{20} cm^{-3} weitgehend
mit der Gesamtzinkkonzentration übereinstimmt (siehe Abb. 2.7). Aus
den Gln. (5.15) und (5.13) ist zu ersehen, daß der Diffusionskoeffizient

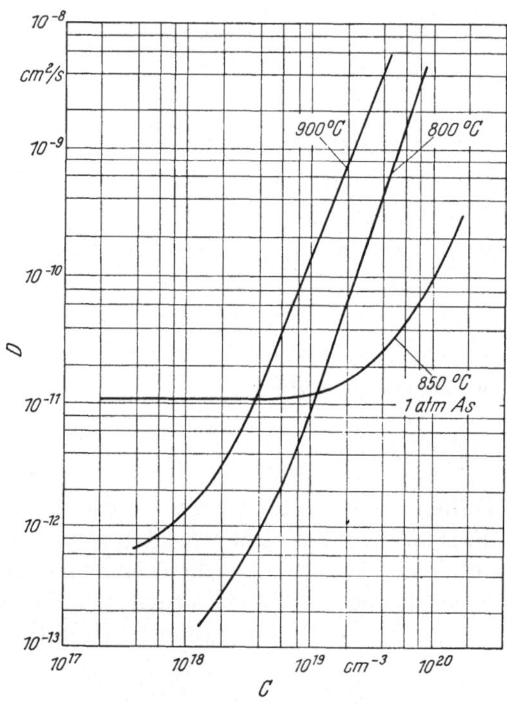

Abb. 5.10. Diffusionskoeffizient für Zink in Abhängigkeit von der Zn-Konzentration
nach Rupprecht und LeMay [5.18]

für Zink in Galliumarsenid bei hoher Zinkkonzentration (und in einem
bestimmten Temperaturbereich) proportional zum Quadrat der Zinkkonzentration ist. In Abb. 5.10 sind experimentelle Daten für die Abhängigkeit des Diffusionskoeffizienten von der Zinkkonzentration bei
800 und 900 °C dargestellt. Wie in Abb. 5.10 ferner gezeigt, ist es bei
Diffusion unter starkem As-Druck möglich, die substitutionelle Diffusion zu verstärken, so daß ein größerer Bereich (bis etwa $C = 10^{19}$ cm^{-3})
resultiert, in welchem der Diffusionskoeffizient konzentrationsunabhängig ist.

Bei einem quadratisch von der Zn-Konzentration abhängigen Diffusionskoeffizienten gilt die eindimensionale Diffusionsgleichung in der Form

$$\frac{\partial C}{\partial t} = \frac{\partial}{\partial x}\left[D_s\left(\frac{C}{C_0}\right)^2\frac{\partial C}{\partial x}\right] \tag{5.16}$$

(D_s = Diffusionskoeffizient an der Oberfläche, C_0 = Oberflächenkonzentration), wobei die Randbedingungen für Diffusion aus der Gasphase zu berücksichtigen sind:

$$C = C_0 \quad \text{für} \quad x = 0$$
$$C = 0 \quad \text{für} \quad x = \infty \, .$$

Durch Normierung mit $c = C/C_0$ und Anwendung der BOLTZMANN-Transformation

$$\eta = x/2\,\sqrt{D_s t} \tag{5.17}$$

erhält man die Differentialgleichung

$$c^2\frac{\mathrm{d}^2 c}{\mathrm{d}\eta^2} + 2\,c\left(\frac{\mathrm{d}c}{\mathrm{d}\eta}\right)^2 + 2\,\eta\,\frac{\mathrm{d}c}{\mathrm{d}\eta} = 0 \tag{5.18}$$

mit den Randbedingungen

$$c = 1 \quad \text{für} \quad \eta = 0$$
$$c = 0 \quad \text{für} \quad \eta = \infty \, .$$

Der durch numerische Integration von Gl. (5.18) erhaltene Konzentrationsverlauf $C/C_0 = f_1(\eta)$ ist in Abb. 5.11 dargestellt. Zum Vergleich ist

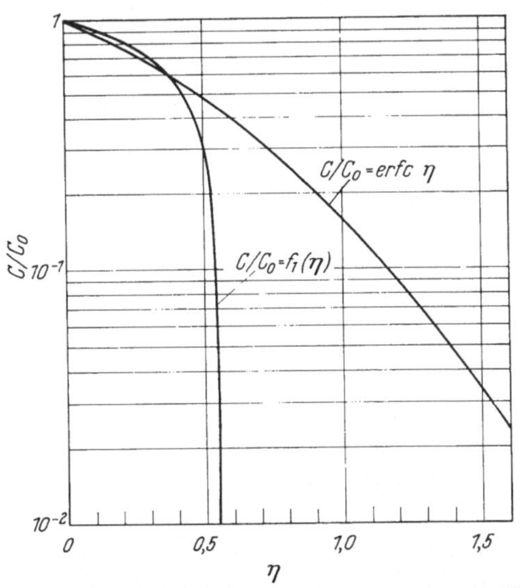

Abb. 5.11. Normiertes Diffusionsprofil $C/C_0 = f_1(\eta) = f_1(x/2\,\sqrt{D_s t})$ bei Diffusion mit konzentrationsabhängigem Diffusionskoeffizenten $D = D_s(C/C_0)^2$. Zum Vergleich: $C/C_0 = \mathrm{erfc}\,\eta$ (Profil bei „normaler" Diffusion)

auch das Konzentrationsprofil $C/C_0 = \text{erfc}\,\eta$ bei „normaler" Diffusion (d.h. $D = $ const) eingetragen.

Der vorstehend beschriebene Diffusionsmechanismus bei hoher Zinkkonzentration führt insbesondere zu folgenden experimentellen Ergebnissen:

1. Die Zn-Eindringtiefe ist sehr stark von der Oberflächenkonzentration abhängig. Reproduzierbare Eindringtiefen können daher nur bei exakter Einhaltung eines bestimmten Zn-Dampfdruckes während der Diffusion hergestellt werden.

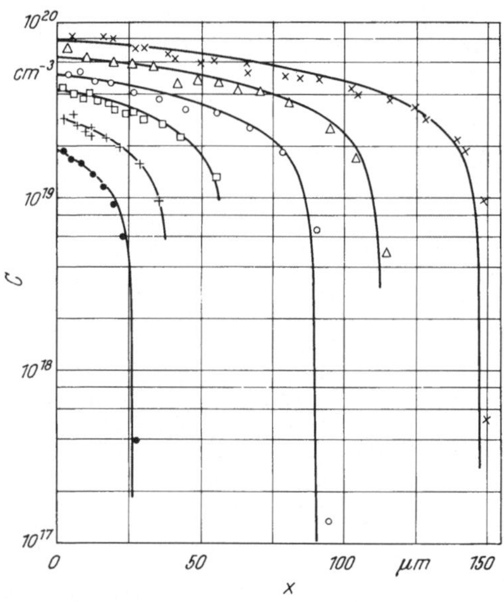

Abb. 5.12. Diffusionsprofile bei Zn-Diffusion mit hoher Oberflächenkonzentration

2. Das Diffusionsprofil ist annähernd abrupt, d.h. der Konzentrationsgradient in der Umgebung eines durch Zn-Diffusion hergestellten pn-Überganges ist sehr hoch. Diese Tatsache sollte sich z.B. günstig auf die Emitterwirksamkeit bei pnp-Transistoren auswirken.

Abb. 5.12 zeigt Messungen von Zn-Diffusionsprofilen mit Oberflächenkonzentrationen zwischen 10^{19} und 10^{20} cm^{-3} (nach CUNNELL und GOOCH [5.19]), verglichen mit theoretischen Kurven, die als Lösungen von Gl. (5.18) erhalten wurden (WEISBERG und BLANC [5.20]).

Die Gültigkeit von Gl. (5.16) wird eingeschränkt unter folgenden Diffusionsbedingungen:

1. Zn-Konzentration $\lesssim 5 \times 10^{18}$ cm^{-3}, d.h. bei merklichem Anteil konzentrations*unabhängiger* substitutioneller Diffusion. Bei Arsenüberdruck liegt die Konzentrationsgrenze höher (Abb. 5.10).

2. Hohe Temperaturen ($\gtrsim 1100\,°C$), da in Gl. (5.14) die von der Eigenleitung herrührenden Ladungsträger vernachlässigt wurden.

3. Niedrige Temperaturen ($\lesssim 750\,°C$). Die beim Übergang eines Zn-Atoms vom Ga-Gitterplatz zum Zwischengitterplatz entstehende Ga-Leerstelle wurde in der Reaktionsgleichung (5.14) nicht berücksichtigt, d.h. es wurde angenommen, daß derartige Leerstellen hinreichend rasch abgeführt bzw. nachgeliefert werden können. Es ist wahrscheinlich, daß diese Bedingung — insbesondere bei Material mit geringer Versetzungsdichte — bei niedrigen Temperaturen nicht erfüllt ist.

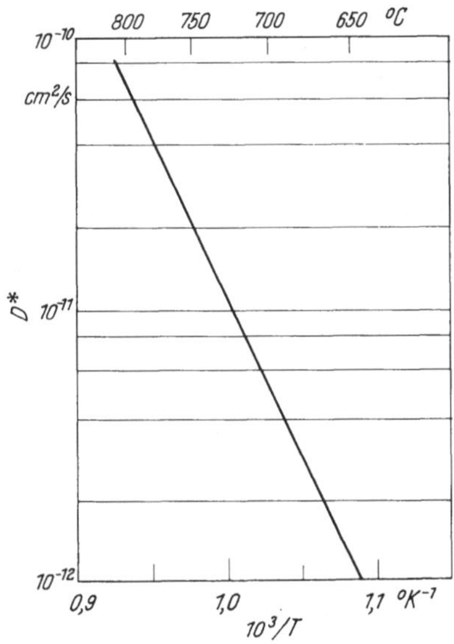

Abb. 5.13. Temperaturabhängigkeit der effektiven Diffusionskonstanten bei Diffusion mit $ZnAs_2$-Quelle

Zur Durchführung von Diffusionsexperimenten mit hoher Zinkkonzentration verwendet man entweder reines Zink oder $ZnAs_2$ als Quellmaterial. Bei der Diffusion zerfällt $ZnAs_2$ gemäß

$$3\,ZnAs_2 \;\rightarrow\; Zn_3As_2 + As_4, \tag{5.19}$$

während die Verbindung Zn_3As_2 bei üblichen Diffusionstemperaturen ($\approx 800\,°C$) nur teilweise dissoziiert:

$$2\,Zn_3As_2 \rightleftharpoons 6\,Zn + As_4 . \tag{5.20}$$

Wegen der nach Gl. (5.20) nur schwachen Abhängigkeit des Zn-Dampfdruckes vom Arsendruck ist die $ZnAs_2$-Einwaage nicht sehr kritisch. Für $ZnAs_2$-Mengen zwischen 0,2 und 5 mg pro cm³ Ampulleninhalt ist die Diffusionstiefe praktisch unabhängig von der Einwaage [5.21].

5*

Bei Zn-Diffusion in n-leitendes Galliumarsenid (Donatorendichte N_D) entsteht ein pn-Übergang, dessen Abstand x_j von der Oberfläche in der Form

$$x_j = 2 \sqrt{D_s t}\; \mathfrak{f}_2(N_D/C_0) \qquad (5.21)$$

dargestellt werden kann, wobei $\mathfrak{f}_2(C/C_0)$ die Umkehrung der in Abb. 5.11 aufgetragenen Funktion

$$C/C_0 = \mathfrak{f}_1(\eta) = \mathfrak{f}_1(x/2 \sqrt{D_s t}) \qquad (5.22)$$

i.t. Wenn C_0 und N_D konstant gehalten werden, vereinfacht sich Gl. (5.21) zu

$$x_j = 2 \sqrt{D^* t}\,, \qquad (5.23)$$

wobei D^* die Bedeutung einer „effektiven" Diffusionskonstante hat. Die Temperaturabhängigkeit von D^* bei Diffusion mit einer $ZnAs_2$-Quelle im Bereich von 650 bis 800 °C ist aus Abb. 5.13 zu entnehmen.

5.12.3 Cadmiumdiffusion

Die Diffusion von Cadmium in Galliumarsenid ist erheblich schwerer zu beherrschen als diejenige von Zink. Insbesondere bei Diffusionstemperaturen oberhalb 1000 °C (mit Quellen von elementarem Cadmium) besteht die Gefahr einer starken Erosion der GaAs-Oberfläche. Die Erosion kann durch folgende Maßnahmen vermieden werden:

1. Herabsetzung des Cd-Dampfdruckes durch Begrenzung der Quelleneinwaage oder mittels eines auf tieferer Temperatur befindlichen Cd-Reservoirs.

2. Bedeckung der GaAs-Probe mit einer Quarzplatte.

Radiochemische Messungen* des Diffusionsprofils von Cadmium in Galliumarsenid (GOLDSTEIN [5.8], KENDALL [5.22]) zeigen keine (oder nur geringfügige) Abweichungen von dem Idealverlauf gemäß Gl. (5.2). Der Anteil der Diffusion auf Zwischengitterplätzen dürfte daher verhältnismäßig gering sein. Die obere Grenze der Cd-Konzentration in Galliumarsenid liegt bei etwa 5×10^{19} cm^{-3}.

Meßresultate für die Diffusionskonstante von Cadmium sind in Abb. 5.14 zusammengestellt. Die auf Leitfähigkeitsmessungen (unter der Voraussetzung vollständiger Ionisation des Cadmiums und mit der

---

* Bei radiochemischen Messungen muß berücksichtigt werden, daß der Zerfall des Cd-Isotops ^{115}Cd (Halbwertszeit 54 h) zu dem ebenfalls radioaktiven ^{115}In (Halbwertszeit 4,5 h) führt; letzteres diffundiert wesentlich schneller als Cadmium. Durch Impulshöhendiskriminierung kann zwischen ^{115}Cd (γ-Emission bei 0,52 MeV) und ^{115}In (0,33 MeV) unterschieden werden.

Annahme eines empirischen Gesetzes für die Beweglichkeit $\mu_p = 10^7\,p^{-0,27}\ \mathrm{cm^2/Vs}$) beruhende Bestimmung der Diffusionskonstanten nach KOGAN u.a. [5.10] ergibt Werte, die um etwa eine Größenordnung niedriger liegen als diejenigen von GOLDSTEIN. Bei den Messungen von KENDALL ist eine schwache Abhängigkeit der Diffusionskonstanten von der Oberflächenkonzentration erkennbar.

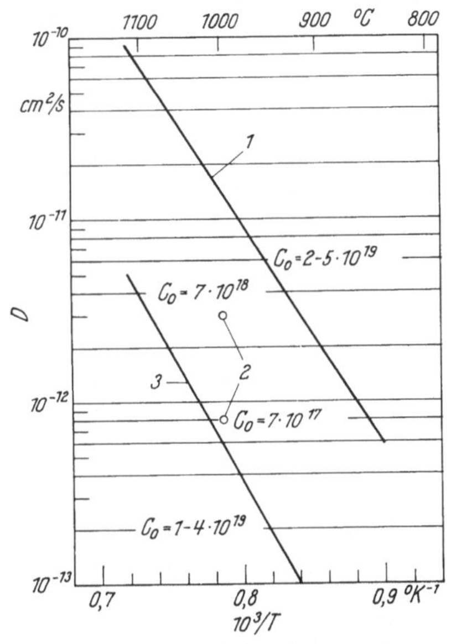

Abb. 5.14. Temperaturabhängigkeit des Diffusionskoeffizienten für Cadmium in Galliumarsenid (1 GOLDSTEIN [5.8], 2 KENDALL [5.22], 3 KOGAN u.a. [5.10])

Abb. 5.15. Temperaturabhängigkeit des Diffusionskoeffizienten für Mangan in Galliumarsenid (1 GOLDSTEIN [5.4], 2 SELTZER [5.23])

5.12.4 Mangandiffusion

Die Dotierung von Galliumarsenid mit Mangan ergibt Akzeptorniveaus mit einer Ionisierungsenergie von 0,1 eV. Die Mn-Störstellen sind bei Zimmertemperatur nur teilweise ionisiert. Durch Diffusion von Mangan können daher Bereiche hergestellt werden, in denen die Löcherkonzentration bei Zimmertemperatur beispielsweise $10^{17} - 10^{18}\ \mathrm{cm^{-3}}$, bei 77 °K jedoch nur etwa $10^{12} - 10^{15}\ \mathrm{cm^{-3}}$ beträgt.

Bei radiochemischen Untersuchungen (unter Verwendung des Isotops ^{54}Mn) wurden vorwiegend Diffusionsprofile gefunden, die durch das komplementäre Fehlerintegral Gl. (5.2) beschrieben werden können. Einige Profile deuten jedoch auf eine Überlagerung zweier Diffusionsmechanismen hin, wobei zwei Diffusionskonstanten angenommen werden müssen, die sich um etwa eine Größenordnung unterscheiden.

Bei der Mn-Diffusion wird eine verhältnismäßig starke Abhängigkeit der Diffusionskonstante vom Arsendruck gefunden [5.16], [5.23]. Die beobachtete *Abnahme* der Diffusionskonstante mit steigendem Arsendruck widerspricht der Hypothese einer Mangandiffusion, die ausschließlich über Leerstellen im Ga-Teilgitter erfolgt. (Nach Gl. (5.5) sollte Arsenüberdruck zu einer Erhöhung der Konzentration an Ga-Leerstellen und somit zu einer *höheren* Diffusionskonstante für Akzeptoren auf Ga-Gitterplätzen führen.) Zur Deutung der experimentellen Ergebnisse wurde u. a. ein über As-Doppelleerstellen führender Diffusionsmechanismus bei Mangan vorgeschlagen [5.23]. Da jedoch bei fast allen Donator- und Akzeptorelementen eine Diskrepanz zwischen der Diffusionstheorie und der experimentell gefundenen Abhängigkeit der Diffusionsrate vom Arsendruck besteht, ist nicht zu erwarten, daß aus derartigen Experimenten eindeutige Schlüsse über den Diffusionsmechanismus gezogen werden können.

Aus der Temperaturabhängigkeit der Diffusionskonstanten von Mangan (Abb. 5.15) ergeben sich Werte für die Aktivierungsenergie von 2,49 und 2,75 eV, d. h. die Aktivierungsenergie der Mangandiffusion stimmt im wesentlichen mit derjenigen der anderen Akzeptoren überein.

5.2 Diffusion aus der festen Phase

Neben der Störstellendiffusion aus der Gasphase wurden Diffusionsverfahren entwickelt, bei denen sich die Störstellenquelle in Form einer Festkörperschicht auf dem Halbleitermaterial befindet. Derartige Verfahren mit direktem Kontakt zwischen Störstellenquelle und Halbleiter sind beispielsweise erforderlich, wenn das Störstellenmaterial einen sehr geringen Dampfdruck aufweist. Darüber hinaus bietet das Verfahren der Diffusion aus der festen Phase folgende Vorteile:

1. Durch die Aufbringung einer festen Quellenschicht kann die Halbleiteroberfläche sehr wirksam gegen Erosion geschützt werden.

2. Für die Quellenschicht kann man ein inaktives Trägermaterial verwenden, dem die Störstellen in gewünschter Konzentration beigefügt werden. Eine Variation der Quellenstärke ist ferner über die Dicke der aufgebrachten Schicht möglich.

3. Man kann Donatoren und Akzeptoren gleichzeitig und unabhängig voneinander an verschiedenen Stellen des Halbleiters eindiffundieren lassen.

In der Siliziumplanartechnik kann die Oberflächenerosion bei der Diffusion aus der Gasphase verhältnismäßig leicht (z. B. durch Diffusion in schwach oxydierender Atmosphäre) verhindert werden. Die zur Bor- und Phosphordiffusion in Silizium aus fester Quelle entwickelten Verfahren [5.24], [5.25] haben daher in der Siliziumtechnologie noch keine nennenswerte Verbreitung gefunden. Bei den III-V-Verbindungen ist dagegen das Problem der Oberflächenerosion gravierend. Die Verfahren zur Diffusion aus einer festen Quellenschicht dürften daher in der Technologie der III-V-Verbindungen eine wichtige Rolle spielen.

5.21 Siliziumdiffusion

Silizium hat als Störstelle in Galliumarsenid amphoteren Charakter, d.h. der Einbau von Si-Atomen auf Ga-Gitterplätzen führt zu Donatortermen, während Si-Atome auf As-Gitterplätzen Akzeptoreigenschaften besitzen. Bei der Diffusion von Silizium in Galliumarsenid (unter hin-

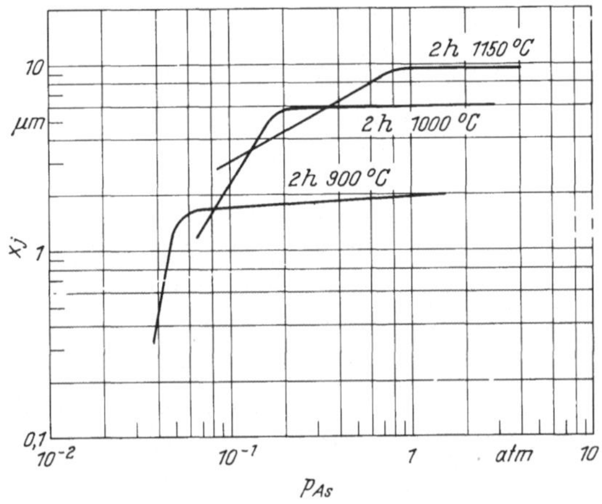

Abb. 5.16. Siliziumdiffusion: Abhängigkeit der Eindringtiefe vom Arsendruck (nach ANTELL [5.26])

reichendem Arsendruck) erfolgt der Einbau des Siliziums vorwiegend auf Ga-Gitterplätzen, so daß ein Donatorenüberschuß auftritt. Die Siliziumdiffusion kann somit zur Herstellung von n-leitenden Schichten herangezogen werden.

Als Quelle für die Siliziumdiffusion dient eine amorphe Siliziumschicht (einige tausend Å dick), die durch Kathodenzerstäubung, Aufdampfung etc. auf das Galliumarsenid aufgebracht wurde. Die Diffusion wird — wie in Kap. 5.1 beschrieben — in einer abgeschlossenen Quarzampulle unter Zugabe von elementarem Arsen durchgeführt.

Wie aus Abb. 5.16 zu ersehen, ist die Eindringtiefe x_j (Tiefe eines durch Siliziumdiffusion hergestellten pn-Überganges) in bestimmten Bereichen stark vom Arsendruck abhängig. Während eine quantitative

Deutung der Kurven in Abb. 5.16 bisher nicht gegeben werden konnte, ist die Tendenz der Kurven durch die mit steigendem Arsendruck zunehmende Konzentration der Ga-Leerstellen und die damit verbundene Zunahme der Besetzung von Ga-Plätzen durch Siliziumatome zu erklären. Bemerkenswert ist das Überschneiden der Kurven mit konstanter Diffusionstemperatur; es gibt also Diffusionsbedingungen, bei denen mit *steigender* Diffusionstemperatur eine *Abnahme* der Eindringtiefe beobachtet wird.

Die bei einer Diffusionstemperatur von 1000 °C und einem Arsendruck von 0,3 atm gefundene durchschnittliche Ladungsträgerkonzentration in einer 14 μm dicken n-Schicht betrug $n = 5 \times 10^{18}$ cm^{-3}. Messungen der Kapazität und der Durchbruchspannung von diffundierten pn-Übergängen deuten auf ein anomales Diffusionsprofil (ähnlich demjenigen bei der Zn-Diffusion) hin [5.26].

5.22 Berylliumdiffusion

Die Diffusion von Beryllium kann analog zu dem in Kap. 5.21 für Silizium beschriebenen Verfahren durchgeführt werden: Eine dünne Be-Schicht wird im Hochvakuum auf Galliumarsenid aufgedampft. Anschließend erfolgt die Diffusion in einer evakuierten Quarzampulle (mit oder ohne Arsenzugabe).

Aus den bisher bekannt gewordenen Messungen der Diffusionskonstanten für Beryllium im Bereich von 880 °C bis 990 °C ergibt sich eine anomal hohe Aktivierungsenergie ($\approx$ 6 eV). Bei Berylliumdiffusion mit Arsenüberdruck wird eine Verringerung der Eindringtiefe beobachtet. Dieses Ergebnis widerspricht der Annahme eines auf das Ga-Teilgitter beschränkten Diffusionsmechanismus [5.27].

Die nach dem vorstehend beschriebenen Diffusionsverfahren erreichbare Oberflächenkonzentration beträgt etwa 3×10^{19} cm^{-3}, wobei angenommen wird, daß — ähnlich wie bei Zink — vollständige Ionisation des Akzeptors Beryllium vorliegt.

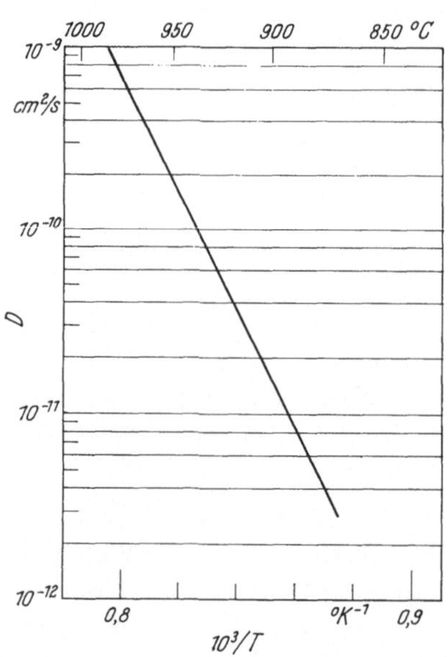

Abb. 5.17. Temperaturabhängigkeit des Diffusionskoeffizienten für Beryllium in Galliumarsenid (POLTORATSKII und STUCHEBNIKOV [5.27])

5.23 Diffusion aus dotierten Siliziumdioxidschichten

Die Verwendung von dotierten SiO_2-Schichten als Quellenmaterial für die Störstellendiffusion in Galliumarsenid ist aus folgenden Gründen naheliegend:

1. Zur Herstellung von SiO_2-Schichten können Verfahren angewandt werden, die sich bereits in der Germaniumtechnologie bewährt haben [5.28]. Diese Verfahren lassen sich derart abwandeln, daß dotierte SiO_2-Schichten entstehen.

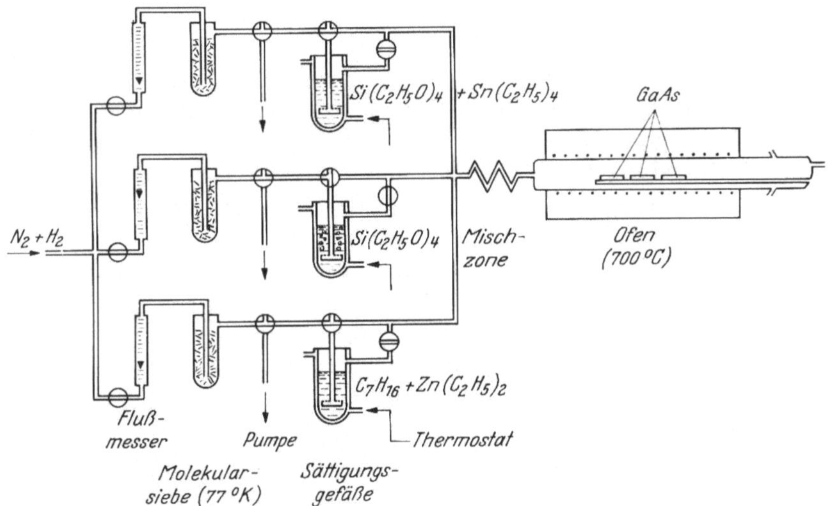

Abb. 5.18. Apparatur zur Herstellung von reinen und zinn- oder zinkdotierten Siliziumdioxidschichten auf Galliumarsenid (nach [5.29])

2. Die aus der Silizium-Planartechnik bekannte Methode der Photolithographie läßt sich unmittelbar auf die laterale Begrenzung der SiO_2-Diffusionsquellen übertragen (siehe Kap. 8.12, 8.13 und 8.22).

3. Die thermische Stabilität von Siliziumdioxid gewährleistet einen perfekten Schutz der GaAs-Oberfläche während der Diffusion.

Ein Nachteil dieses Verfahrens besteht möglicherweise darin, daß — neben den gewünschten Dotierungselementen — auch Sauerstoff (als tiefliegender Donator) eindiffundieren kann*.

Eine Apparatur zur Herstellung von reinen und dotierten SiO_2-Schichten auf Galliumarsenid ist in Abb. 5.18 schematisch dargestellt. Das Trägergas wird zunächst durch „Molekularsiebe" gereinigt und ge-

---

* Zur Störstellendiffusion (Zink) aus Siliziumschichten siehe [5.38].

trocknet. Beim Durchtritt durch die Sättigungsgefäße wird das Trägergas beladen. Das hierbei entstehende Gasgemisch strömt anschließend über die auf einer Temperatur von ca. 700 °C befindlichen GaAs-Plättchen.

Zur Abscheidung von undotierten SiO_2-Schichten wird das Trägergas ausschließlich durch das mit *reinem* Kieselsäuretetraäthylester gefüllte Sättigungsgefäß geleitet. Die Wachstumsrate der durch pyrolytische Zersetzung von Kieselsäuretetraäthylester bei 700 °C entstehenden SiO_2-Schicht beträgt etwa 100 Å/min bei folgenden experimentellen Bedingungen:

Temperatur des Sättigungsgefäßes: 19 °C,
Durchflußrate des Trägergases ($92\% \ N_2 + 8\% \ H_2$): 125 l/h
Durchmesser des Reaktionsrohres: 60 mm
Ofenlänge: 600 mm.

Die Arbeitsgänge zur Beschichtung von GaAs-Plättchen sind folgende: 1. Reinigen der Plättchen. 2. Einbringen der Plättchen in den Ofen. 3. Aufheizen der Plättchen auf 700 °C. 4. Beschichten der Plättchen. Nur während dieses Arbeitsganges wird Trägergas *durch das Sättigungsgefäß* geleitet. 5. Spülen mit reinem Trägergas (ca. 5 min). 6. Entnahme der beschichteten Plättchen. Um einwandfreie SiO_2-Schichten zu erhalten, sollen die Molekularsiebe jeweils vor Inbetriebnahme der Anlage unter Vakuum ausgeheizt werden.

Zur Herstellung von zinndotierten SiO_2-Schichten wird das Trägergas durch ein Sättigungsgefäß geleitet, welches Kieselsäuretetraäthylester mit einem geringen Zusatz von Tetraäthylzinn enthält. Um eine zeitlich gleichbleibende Dotierung zu gewährleisten, sollen die zur Sättigung des Trägergases verwendeten Flüssigkeiten möglichst übereinstimmende Dampfdrucke besitzen. Wie aus Tab. 5.5 hervorgeht, ist diese Bedingung für Kieselsäuretetraäthylester und Tetraäthylzinn angenähert erfüllt.

Bei der Herstellung von zinkdotierten SiO_2-Schichten ist zu berücksichtigen, daß organische Zinkverbindungen mit hohem Dampfdruck (wie beispielsweise Diäthylzink) an Luft selbstentzündlich sind. Es wurde ferner festgestellt, daß Diäthylzink bereits bei Zimmertemperatur mit Kieselsäuretetraäthylester langsam unter Bildung eines weißen Niederschlages reagiert. Dagegen kann eine Lösung von einigen Prozent Diäthylzink in *n*-Heptan gefahrlos aufbewahrt werden. In der Apparatur nach Abb. 5.18 ist daher ein separates Sättigungsgefäß für die Lösung Diäthylzink/Heptan vorgesehen. Man erhält zinkdotierte SiO_2-Schichten, indem man Trägergas gleichzeitig durch Kieselsäuretetraäthylester und durch Diäthylzink/Heptan strömen läßt und die Gase unmittelbar vor Eintritt in das Reaktionsrohr mischt. Da die Dampfdrucke von Diäthylzink und *n*-Heptan erheblich höher sind als derjenige von Kieselsäuretetraäthylester (siehe Tab. 5.5), müssen die Durchflußraten entsprechend unterschiedlich gewählt werden, beispielsweise im Verhältnis 1 : 10 bis 1 : 5. Als Alternative bietet sich die Möglichkeit, die Dampfdrucke durch geeignete Wahl der Temperaturen in den Sättigungsgefäßen anzupassen.

Tabelle 5.5. *Dampfdrucke und Siedepunkte der Verbindungen Kieselsäuretetraäthylester, Tetraäthylzinn, Diäthylzink und n-Heptan (nach* KAUFMAN, *Handbook of Organometallic Compounds und* PERRY's *Chemical Engineers' Handbook)*

Temperatur [° C]	0	20	30	40	60	73	Siedepkt. [° C]
Dampf- $Si(C_2H_5O)_4$		1,8			12		166
druck $Sn(C_2H_5)_4$						10	180
[torr] $Zn(C_2H_5)_2$	5	16	27	44	103		118
n-Heptan	11	36	59	91			98

Das vorstehend geschilderte Verfahren zur Herstellung von SiO_2-Schichten mittels pyrolytischer Zersetzung siliziumorganischer Verbindungen erfordert eine Arbeitstemperatur von etwa 700 °C. Eine Abscheidung von Siliziumdioxid bei wesentlich niedrigeren Temperaturen (350–400 °C) ist möglich, wenn man die Dämpfe siliziumorganischer Verbindungen mit Sauerstoff reagieren läßt. Diese Methode dürfte sich in geeigneter Abwandlung auch zur Herstellung von dotierten SiO_2-Schichten eignen.

Ein weiteres Verfahren zur Herstellung von reinen und dotierten SiO_2-Schichten beruht auf der Kathodenzerstäubung von Silizium in sauerstoffhaltiger Atmosphäre (z.B. Argon mit 0,5 % Sauerstoff). Als Kathode dient z.B. eine Siliziumscheibe von ca. 10 cm Durchmesser. Die zu beschichtenden GaAs-Scheiben befinden sich in etwa 7 cm Abstand über der Kathode. Während der Beschichtung wird eine Glimmentladung mit folgenden Daten aufrechterhalten: Druck 0,5 torr, Spannung ca. 2 kV, Strom ca. 50 mA. Um eine möglichst gleichmäßige Beschichtung zu gewährleisten, sollen die GaAs-Plättchen in geeigneter Weise über der Kathode bewegt werden. Zur Herstellung von dotierten SiO_2-Schichten wird die Kathode teilweise mit dotierenden Elementen (Zink, Zinn etc.) oder mit geeigneten Legierungen (z.B. Si/Sn) belegt [5.30]. Dotierungsstoffe können ferner über die Gasphase zugeführt werden.

Die Störstellendiffusion aus dotierten SiO_2-Schichten kann in einem offenen System erfolgen, sofern die gesamte Oberfläche des GaAs-Plättchens mit Siliziumdioxid bedeckt ist. Da jedoch ein vollständiger Oberflächenschutz — insbesondere an den Kanten — nur schwer zu realisieren ist, empfiehlt es sich im allgemeinen, auch Diffusionen aus fester Phase in abgeschlossenen, evakuierten Ampullen durchzuführen.

Bei der Diffusion aus Festkörper-Quellenschichten sind die physikalischen Eigenschaften dieser Schichten mitbestimmend für das im

Galliumarsenid erzeugte Störstellenprofil. Es sei zunächst der Grenzfall einer unendlich ausgedehnten Quellenschicht betrachtet (Abb. 5.19a).

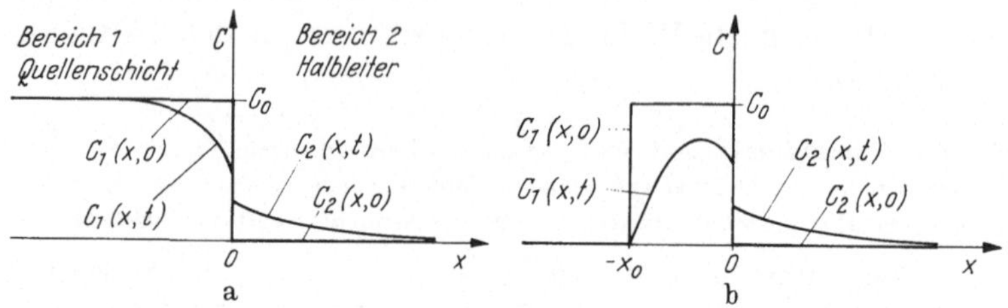

Abb. 5.19. Störstellenverteilung (schematisch) bei Diffusion aus einer Festkörper-Quellenschicht. a) unendlich ausgedehnte Quellenschicht. b) endliche Quellenschicht (Dicke x_0)

Zu Beginn des Diffusionsprozesses ($t = 0$) liegt in der Quellenschicht eine gleichförmige Störstellenkonzentration C_0 vor, während das Halbleitermaterial noch störstellenfrei ist. Die Störstellenverteilung für $t > 0$ muß dann wie folgt angesetzt werden:

Bereich 1

(Quellenschicht): $\quad c_1(x, t) = a_0 + a_1 \operatorname{erfc}(x/2 \sqrt{D_1 t})$, $\hfill$ (5.24a)

Bereich 2

(Halbleiter): $\quad c_2(x, t) = b_0 + b_1 \operatorname{erfc}(x/2 \sqrt{D_2 t})$, $\hfill$ (5.24b)

wobei $c_1(x, t) \equiv C_1(x, t)/C_0$, $\quad c_2(x, t) \equiv C_2(x, t)/C_0$, D_1 = Diffusionskonstante im Bereich 1, D_2 = Diffusionskonstante im Bereich 2. Die Lösungen der Gl. (5.24) müssen folgende Randbedingungen erfüllen:

$$c_1 = 1 \quad \text{für} \quad x = -\infty$$
$$c_2 = 0 \quad \text{für} \quad x = \infty \, . \hfill (5.25)$$

Für die Grenzfläche Quellenschicht/Halbleiter ist Stetigkeit des Diffusionsstromes anzusetzen; es tritt ein Konzentrationssprung auf, wenn der Verteilungskoeffizient $\varkappa$ für das Dotierungselement von Eins verschieden ist:

$$\left.\begin{aligned} D_2 \frac{\partial c_2}{\partial x} &= D_1 \frac{\partial c_1}{\partial x} \\[2mm] c_2 &= \varkappa\, c_1 \end{aligned}\right\} \quad x = 0, \quad t > 0. \hfill (5.26)$$

Mit den Randbedingungen Gln. (5.25) und (5.26) ergeben sich die Koeffizienten

$$a_0 = -\frac{\varkappa - \Theta}{\varkappa + \Theta}, \qquad a_1 = \frac{\varkappa}{\varkappa + \Theta},$$

$$b_0 = 0, \qquad b_1 = \frac{\varkappa \Theta}{\varkappa + \Theta},$$

wobei $\Theta \equiv \sqrt{D_1/D_2}$. Das normierte Diffusionsprofil wird somit

$$c_1(x, t) = \frac{1}{\varkappa + \Theta} \left[\varkappa \, \mathrm{erfc} \, (x/2 \sqrt{D_1 \, t}) - (\varkappa - \Theta) \right] \qquad (5.27\,\mathrm{a})$$

$$c_2(x, t) = \frac{\varkappa \Theta}{\varkappa + \Theta} \, \mathrm{erfc} \, (x/2 \sqrt{D_2 \, t}). \qquad (5.27\,\mathrm{b})$$

Wie Gl. (5.27 b) zeigt, wird bei der Diffusion aus einer unendlich ausgedehnten Quellenschicht eine Störstellenverteilung im Halbleitermaterial erzeugt, die derjenigen der Diffusion aus der Gasphase entspricht, jedoch ist die Konzentration an der Halbleiteroberfläche gegenüber der Ausgangskonzentration C_0 um den Faktor $\varkappa \Theta/(\varkappa + \Theta)$ verschieden. Es ist daher beispielsweise möglich, diffundierte Zonen geringer Störstellenkonzentration zu erzeugen, indem man eine Quellenschicht wählt, in der die Diffusionskonstante des Dotierungsmaterials erheblich kleiner als im Galliumarsenid ist ($D_1/D_2 \ll 1$ und $\varkappa \lesssim 1$).

Bei einer endlichen Quellenschicht der Dicke x_0 (Abb. 5.19 b) lauten die Randbedingungen:

$$\left. \begin{array}{llll} c_1 = 1 & \text{für} & -x_0 \leq x \leq 0 \\ c_1 = 0 & & x < -x_0 \\ c_2 = 0 & & x > 0 \end{array} \right\} \quad t = 0 \qquad (5.28)$$

$$\left. \begin{array}{llll} c_1 = 0 & \text{für} & x = -x_0 \\ c_2 = 0 & & x = \infty \end{array} \right\} \quad t > 0 \, . \qquad (5.29)$$

Daneben gelten weiterhin die Gleichungen (5.26). Um die Randbedingungen Gln. (5.28) und (5.29) erfüllen zu können, müssen dem Ansatz Gl. (5.24 a) weitere Glieder der Form

$$a_n \mathrm{erfc} \, \frac{n \, x_0 + x}{L_1} \quad \text{und} \quad a_n' \mathrm{erfc} \, \frac{n \, x_0 - x}{L_1}$$

hinzugefügt werden. Dementsprechend ist auch Gl. (5.24 b) durch Glieder

$$b_n \mathrm{erfc} \left(\frac{n \, x_0}{L_1} + \frac{x}{L_2} \right)$$

zu ergänzen ($L_1 \equiv 2 \sqrt{D_1 \, t}$, $L_2 \equiv 2 \sqrt{D_2 \, t}$). Die vollständige Beschreibung des Konzentrationsprofils in der Quellenschicht und im Halbleitermaterial lautet daher

$$c_1(x, t) = \frac{1}{\varkappa + \Theta} \left[\varkappa \, \mathrm{erfc} \, \frac{x}{L_1} - (\varkappa - \Theta) \right]$$

$$- \sum_{n=0}^{\infty} a^n \left\{ \mathrm{erfc} \, \frac{(2\,n+1)\,x_0 + x}{L_1} - a \, \mathrm{erfc} \, \frac{(2\,n+1)\,x_0 - x}{L_1} \right.$$

$$\left. - \frac{\varkappa}{\varkappa + \Theta} \left[\mathrm{erfc} \, \frac{(2\,n+2)\,x_0 + x}{L_1} - a \, \mathrm{erfc} \, \frac{(2\,n+2)\,x_0 - x}{L_1} \right] \right\} \qquad (5.30\,\mathrm{a})$$

$$c_2(x,\, t) = \frac{\varkappa\,\Theta}{\varkappa + \Theta}\ \mathrm{erfc}\ \frac{x}{L_2} - \frac{2\,\varkappa\,\Theta}{\varkappa + \Theta}\ \sum_{n\,=\,0}^{\infty} a^n \left\{ \mathrm{erfc}\left[\frac{(2\,n + 1)\,x_0}{L_1} + \frac{x}{L_2} \right] \right.$$

$$\left. - \frac{1}{\varkappa + \Theta}\ \mathrm{erfc}\left[\frac{(2\,n + 2)\,x_0}{L_1} + \frac{x}{L_2} \right] \right\} \qquad (5.30\,\mathrm{b})$$

mit $a \equiv \dfrac{\varkappa - \Theta}{\varkappa + \Theta}$.

In Abb. 5.20 sind Konzentrationsprofile dargestellt, die nach Gl. (5.30 b) für verschiedene Diffusionsbedingungen berechnet wurden. Dabei wurde $\varkappa = 1$ angenommen und der Faktor

$$\Theta/(1 + \Theta) \equiv \sqrt{D_1/D_2}/(1 + \sqrt{D_1/D_2})$$

ausgeklammert, d. h. Zahlenwerte für die Konzentration erhält man aus Abb. 5.20 durch Multiplikation der Ordinate mit $C_0\Theta/(1 + \Theta)$. Die Zeitabhängigkeit ist in L_1 und L_2 enthalten.

Wie aus Abb. 5.20 ersichtlich, ergeben sich merkliche Abweichungen des Profils vom komplementären Fehlerintegral, wenn $x_0/L_1 < 1$ wird, d. h. wenn die Dicke der Quellenschicht kleiner als die Diffusionslänge der Störstellen in der Quellenschicht ist. Man erhält für $x_0/L_1 < 1$

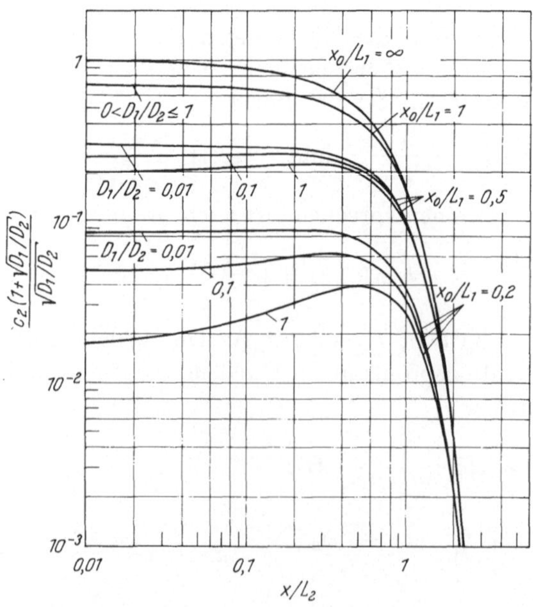

Abb. 5.20. Störstellenverteilung im Halbleiter bei Diffusion aus Festkörper-Quellenschichten unter verschiedenen Diffusionsbedingungen

besonders flach verlaufende Störstellenprofile, wenn die Diffusionskonstante in der Quellenschicht wesentlich kleiner als im Halbleitermaterial ist ($\Theta \ll 1$). Für $D_1 \approx D_2$ ($\Theta \approx 1$) treten Profile auf, bei denen das Konzentrationsmaximum im Halbleiterinnern liegt.

5.23.1 Zinndiffusion aus Siliziumdioxid

Mittels der in Abb. 5.18 dargestellten Apparatur können SiO_2-Quellenschichten mit vorgegebenem Zinngehalt hergestellt werden. Als Beispiel sei die Zinndiffusion aus Schichten behandelt, die durch Sättigung des Trägergases in einem Gefäß mit 230 cm³ Kieselsäuretetraäthylester und 0,1 cm³ Tetraäthylzinn erhalten wurden. Die mit Sn-dotiertem Siliziumdioxid bedeckten GaAs-Plättchen wurden in evakuierten Ampullen der Diffusion unterworfen. Die Bestimmung des Sn-Gehaltes erfolgte durch Neutronenaktivierung und stufenweise Abtragung des Galliumarsenids nach Abklingen der Strahlung der kurzlebigen Isotope des Galliums und des Arsens. Gemessen wurde die 0,39-MeV-Strahlung des Isotops ^{113}Sn [5.31].

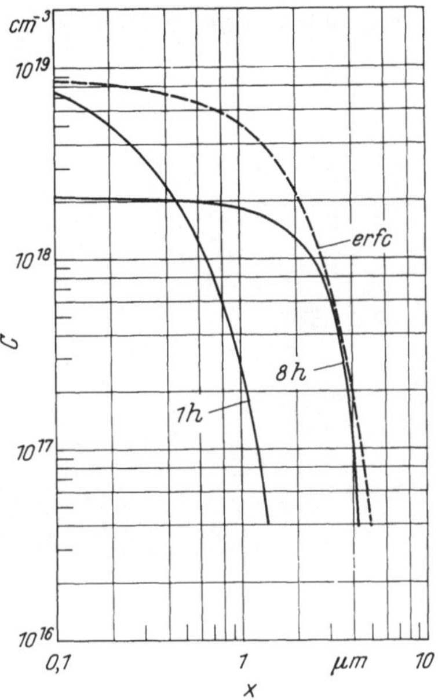

Abb. 5.21. Störstellenprofile in Galliumarsenid bei Sn-Diffusion aus dotiertem Siliziumdioxid

Für die Sn-dotierten SiO_2-Schichten wurden folgende Werte gefunden: Sn-Konzentration vor der Diffusion 7×10^{18} cm^{-3} (berechnet aus der Sn- und Si-Konzentration in der Gasphase der Beschichtungsapparatur Abb. 5.18)

Dicke der SiO_2-Schicht:	Dicke der SiO_2-Schicht:
0,38 µm	0,31 µm
Mittlere Sn-Konzentration nach Diffusion 1 h, 1000 °C:	Mittlere Sn-Konzentration nach Diffusion 8 h, 1000 °C:
$1,3 \times 10^{18}$ cm^{-3}	4×10^{17} cm^{-3}.

Die Störstellenprofile in Galliumarsenid nach ein- und achtstündiger Diffusion bei 1000 °C sind in Abb. 5.21 dargestellt. Zum Vergleich ist gestrichelt das Konzentrationsprofil eingezeichnet, welches bei achtstündiger Sn-Diffusion mit einer konstanten Oberflächenkonzentration von 9×10^{18} cm^{-3} zu erwarten wäre.

Wie ein Vergleich mit Abb. 5.20 zeigt, ist größenordnungsmäßig $D_1/D_2 \approx 0{,}1$ anzusetzen, d.h. bei einstündiger Diffusion ist $x_0/L_1 \approx 1$, während sich bei achtstündiger Diffusion $x_0/L_1 \approx 0{,}4$ ergibt. Daher kann

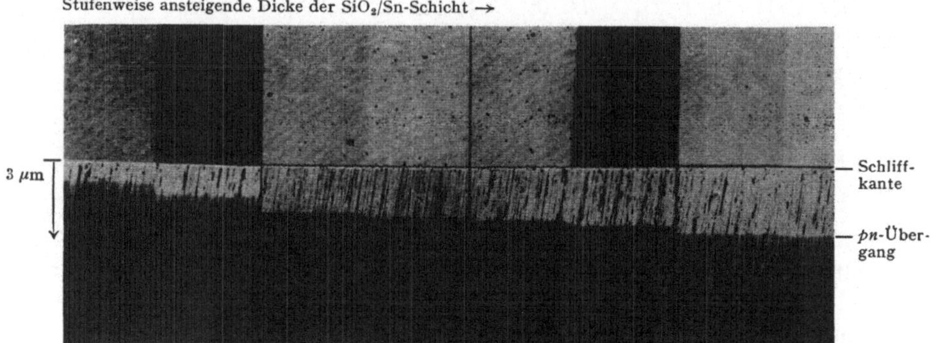

Abb. 5.22. Schrägschliff durch ein GaAs-Plättchen nach achtstündiger Sn-Diffusion aus SiO$_2$-Schichten unterschiedlicher Dicke (p-Gebiet dunkel, n-Gebiet hell). Nach [5.29]

das mit einstündiger Diffusion erhaltene Diffusionsprofil näherungsweise durch das komplementäre Fehlerintegral beschrieben werden, während das aus achtstündiger Diffusion resultierende Profil bereits

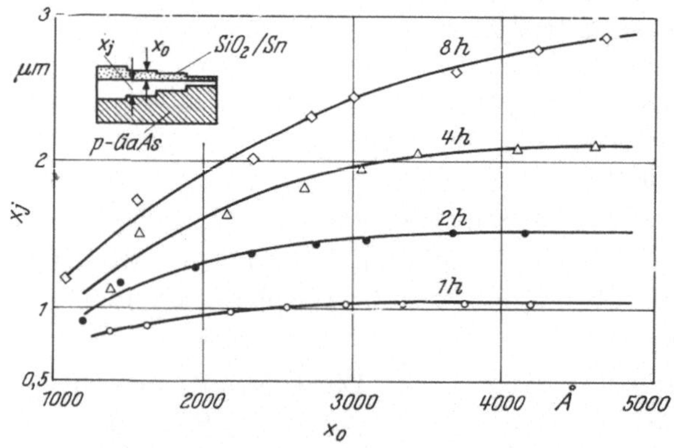

Abb. 5.23. Tiefe des durch Sn-Diffusion aus dotierten SiO$_2$-Schichten bei 1000° C erzeugten pn-Überganges (Grundmaterial: $N_A = 2{,}5 \times 10^{17}$ cm^{-3})

merkliche Abweichungen, die durch Quellenerschöpfung bedingt sind ($x_0/L_1 < 1$), aufweist.

Da die Ausgangskonzentration des Zinns in der Quellenschicht zu 7×10^{18} cm^{-3} berechnet wurde, ist anzunehmen, daß der in Gl. (5.26) definierte Verteilungskoeffizient etwas größer als Eins ist.

Die bei längeren Diffusionszeiten auftretende Erschöpfung der Quellenschicht und die damit verbundene Veränderung des Diffusionsprofils kann auch nachgewiesen werden, wenn man die Tiefe x_j von pn-Übergängen bestimmt, die durch Diffusion aus Quellenschichten geringer Dicke hergestellt wurden [5.29]. Abb. 5.22 zeigt einen Schrägschliff durch ein p-leitendes Plättchen, das Sn-haltige Quellenschichten unterschiedlicher Dicke (zwischen 1000 und 5000 Å) trägt und das einem achtstündigen Diffusionsprozeß unterworfen wurde. Eine zusammenfassende Darstellung der Ergebnisse derartiger Experimente ist in Abb. 5.23 zu finden. Hierbei wurde sowohl die Dicke x_0 der Quellenschicht als auch die Diffusionszeit variiert. Bei einstündiger Diffusion ist die Eindringtiefe x_j noch nahezu unabhängig von x_0 (für $x_0 > 1000$ Å). Bei Verlängerung der Diffusionszeit macht sich die Abhängigkeit der Eindringtiefe von der Dicke der Quellenschicht in zunehmendem Maße bemerkbar.

5.23.2 Zinkdiffusion aus Siliziumdioxid

Zinkdotierte SiO_2-Schichten wurden mit der Apparatur nach Abb. 5.18 unter folgenden experimentellen Bedingungen hergestellt:

Formiergas durch Sättigungsgefäße		Reines
$Si(C_2H_5O)_4$	n-Heptan + 0,36% $Zn(C_2H_5)_2$	Formiergas
125 l/h	50 l/h	50 l/h

Temperatur der Sättigungsgefäße: 19 °C
Ofentemperatur: 700 °C
Zeit: 20 min.

Die Bestimmung des Zn-Gehaltes durch Neutronenaktivierung (1,35-MeV-Strahlung des ^{65}Zn) erfolgte sowohl an beschichteten GaAs-Plättchen, die keinem Diffusionsprozeß unterworfen wurden, als auch an solchen, bei denen eine ein- oder zweistündige Diffusion erfolgte. Für die SiO_2-Schichten wurden folgende Werte gefunden:

Dicke der SiO_2/Zn-Schicht: 0,23 μm

Zn-Konzentration ohne Diffusion $\begin{cases} \text{berechnet:} & 7 \times 10^{20} \text{ cm}^{-3} \\ \text{gemessen:} & 9 \times 10^{19} \text{ cm}^{-3} \end{cases}$

Mittlere Zn-Konzentration nach einstündiger
Diffusion bei 1000 °C: $\qquad$ $8,5 \times 10^{18}$ cm^{-3}

Mittlere Zn-Konzentration nach zweistündiger Diffusion bei 1000 °C: $\qquad$ $5,5 \times 10^{18}$ cm^{-3}.

Aus den vorstehenden Daten geht hervor, daß nur ein Bruchteil des in der Gasphase der Beschichtungsapparatur vorhandenen Zinks in die SiO_2-Schicht eingebaut wird und daß bereits nach einstündiger Diffusion der Zn-Gehalt der Quellenschicht merklich abgenommen hat.

Die im Galliumarsenid gemessenen Zn-Diffusionsprofile sind in Abb. 5.24 dargestellt. Wie Abb. 5.24 zeigt, ist bereits *während* der bei 700 °C erfolgenden Beschichtung mit einer nicht zu vernachlässigenden Diffusion des Zinks zu rechnen (gestrichelte Kurve). Diese — im allgemeinen unerwünschte — Diffusion kann vermieden werden, wenn vor der eigent-

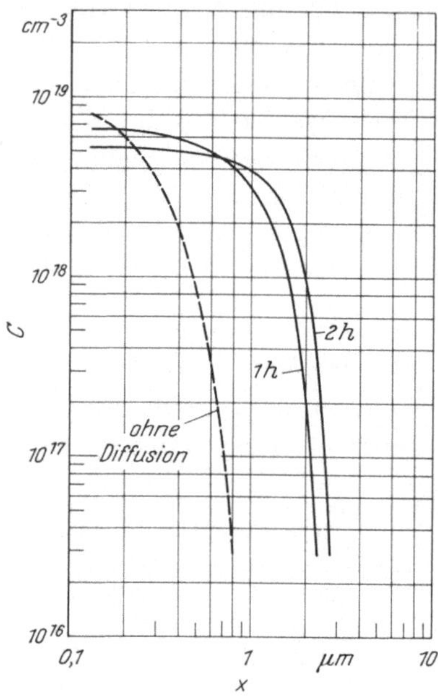

Abb. 5.24. Störstellenprofile in Galliumarsenid bei Zn-Diffusion aus dotiertem Siliziumdioxid (1000° C)

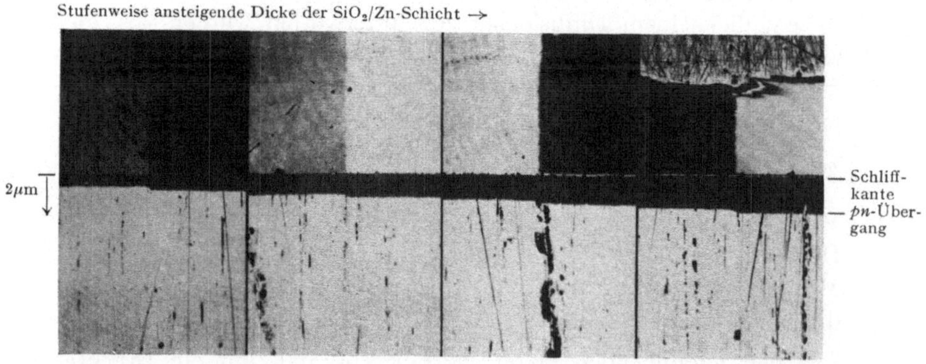

Abb. 5.25. Schrägschliff durch ein GaAs-Plättchen nach zweistündiger Zn-Diffusion aus SiO₂-Schichten unterschiedlicher Dicke (*p*-Gebiet dunkel, *n*-Gebiet hell.) Nach
[5.29]

lichen Quellenschicht eine sehr dünne Schicht reinen Siliziumdioxids aufgebracht wird. Abb. 5.24 zeigt ferner, daß im Falle der Zinkdiffusion bei 1000 °C eine merkliche Abweichung vom erfc-Profil infolge Quellenerschöpfung bereits bei einstündiger Diffusion auftritt. Der Verteilungskoeffizient $\varkappa$ ist im Falle von Zink etwas kleiner als Eins.

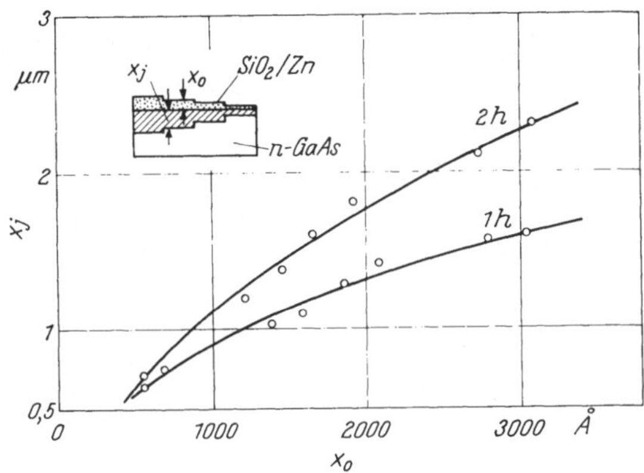

Abb. 5.26. Tiefe des durch Zn-Diffusion aus dotierten SiO_2-Schichten bei 1000° C erzeugten pn-Überganges (Grundmaterial: $N_D = 2 \times 10^{17}\ \mathrm{cm}^{-3}$)

Bei der Herstellung von pn-Übergängen mittels Diffusion von Zink aus SiO_2-Schichten bei 1000 °C macht sich die Quellenerschöpfung ebenfalls bereits bei geringen Diffusionszeiten durch eine starke Abhängigkeit der Tiefe x_j von der Dicke x_0 der Quellenschicht bemerkbar (siehe Abb. 5.25 und 5.26).

5.23.3 Doppeldiffusion aus Siliziumdioxid

Unter Verwendung von SiO_2-Quellenschichten, die sowohl Zink als auch Zinn enthalten, ist es möglich, mit einem einzigen Diffusionsprozeß Strukturen mit mehreren pn-Übergängen zu erzeugen. Die Quellenschicht kann dabei — unter Ausnutzung der unterschiedlichen Diffusionskoeffizienten für Zink und Zinn — eine homogene Mischung der beiden Dotierungselemente enthalten. Die Diffusionsquelle kann aber auch aus einer Folge von zink- und zinndotierten Teilschichten, gegebenenfalls mit undotierten Zwischenschichten, aufgebaut sein.

Zur Herstellung von npn-Zonenfolgen mit dünner p-Zone wird auf n-Material zunächst eine schwach mit Zink dotierte Quellenschicht aufgebracht. Darauf folgt eine dünne undotierte Zwischenschicht, die mit einer stark zinndotierten Schicht bedeckt wird. Bei geeigneter Wahl der Schichtdicken und der Diffusionsparameter entsteht eine npn-Struktur, wobei durch Variation der Dicke der undotierten Zwischenschicht der Vorsprung der Zinkdiffusion beeinflußt und damit die Dicke der im Halbleiter entstehenden p-Zone gesteuert werden kann.

Die Abb. 5.27a und 5.27b zeigen zwei Schrägschliffe durch npn-Zonenfolgen, die nach dem vorstehend geschilderten Verfahren mit unterschiedlicher Dicke der undotierten SiO_2-Zwischenschicht hergestellt wurden.

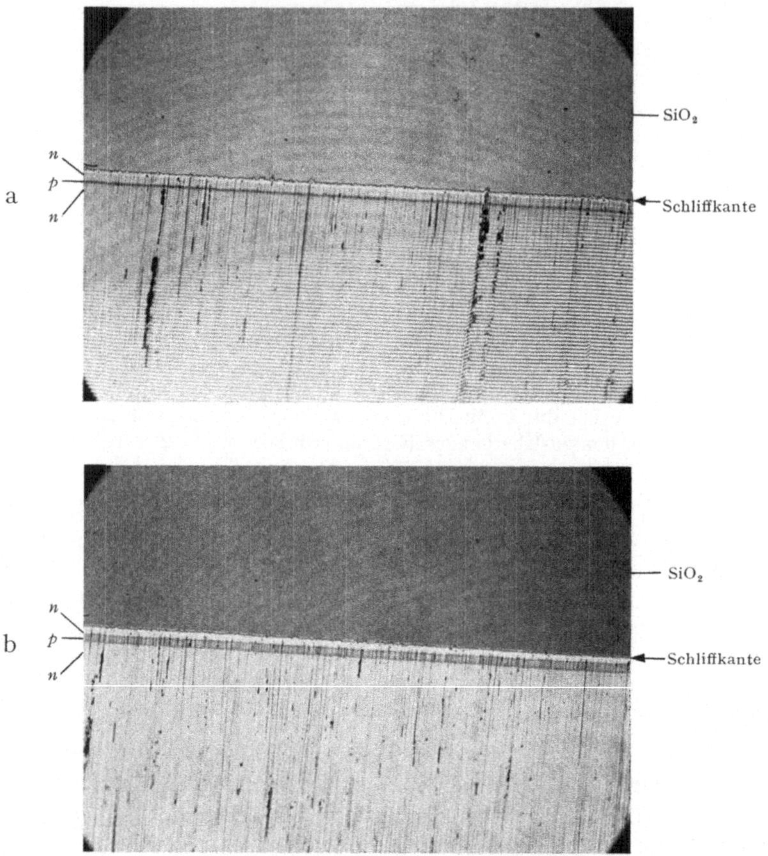

Abb. 5.27. a), b) Schrägschliffe durch GaAs-Plättchen nach Diffusion aus zink- und zinndotiertem SiO_2-Schichten (p-Zone dunkel). Mit den in Abb. 5.27a unten eingeblendeten Interferenzstreifen kann die Tiefe der pn-Übergänge ermittelt werden (Streifenabstand $\triangleq 0{,}27\,\mu$m)

5.3 Maskierung

Maskierende (diffusionshemmende) Deckschichten dienen in der Silizium- und Germaniumplanartechnik zur lateralen Begrenzung von pn-Übergängen, d.h. die durch Störstellendiffusion aus der Gasphase hervorgerufene Umdotierung des Halbleitergrundmaterials wird durch die Maskierung auf bestimmte Bereiche beschränkt. Diese Aufgabe besteht in gleicher Weise für die Herstellung von GaAs-Bauelementen. Darüber hinaus werden Deckschichten in der GaAs-Planartechnik auch zur Steuerung der Störstellenkonzentration in den diffundierten Bereichen, sowie zum Schutz der Halbleiteroberfläche während des Diffusionsprozesses herangezogen. Es sind somit neben dem Grenzfall vollständiger Maskierung auch die Bedingungen für mittelstarke und für schwache Diffusionshemmung zu untersuchen.

Bei der Diffusion von Störstellen aus der Gasphase in den mit einer maskierenden Schicht bedeckten Halbleiter wird angenommen, daß an der Oberfläche der Deckschicht ($x = -x_0$) eine konstante Störstellen-

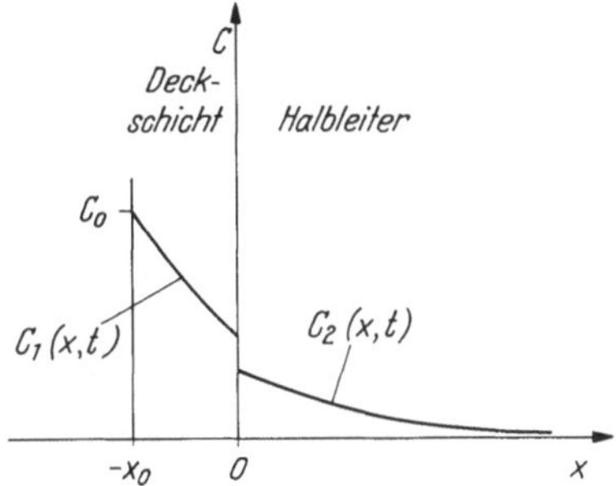

Abb. 5.28. Störstellenverteilung (schematisch) bei Diffusion aus der Gasphase durch eine diffusionshemmende Schicht

konzentration C_0 herrscht (siehe Abb. 5.28). An der Grenzfläche Deckschicht/Halbleiter gelten wiederum die Grenzbedingungen

$$D_2 \frac{\partial c_2}{\partial x} = D_1 \frac{\partial c_1}{\partial x} \left.\begin{array}{c} \\ \\ c_2 = \varkappa\, c_1 \end{array}\right\} \quad x = 0 \,. \tag{5.26}$$

Ferner ist die Randbedingung

$$c_2 = 0 \quad \text{für} \quad x = \infty$$

zu berücksichtigen. Mit dem gleichen Lösungsansatz, der auf Gl. (5.30a, b) führte, ergibt sich für den Störstellenverlauf in der maskierenden Schicht [5.32]

$$c_1(x, t) = \sum_{n=0}^{\infty} a^n \left[\operatorname{erfc} \frac{(2n+1)\,x_0 + x}{L_1} - a\, \operatorname{erfc} \frac{(2n+1)\,x_0 - x}{L_1} \right] \tag{5.31a}$$

oder

$$c_1(x, t) = \operatorname{erfc} \frac{x_0 + x}{L_1}$$
$$- \sum_{n=0}^{\infty} a^{n+1} \left[\operatorname{erfc} \frac{(2\,n + 1)\,x_0 - x}{L_1} - \operatorname{erfc} \frac{(2\,n + 3)\,x_0 + x}{L_1} \right] \quad (5.31\,\text{b})$$

und für das Konzentrationsprofil im Halbleiter

$$c_2(x, t) = \varkappa\,(1 - a) \sum_{n=0}^{\infty} a^n \operatorname{erfc} \left[\frac{(2\,n + 1)\,x_0}{L_1} + \frac{x}{L_2} \right] \quad (5.31\,\text{c})$$

oder

$$c_2(x, t) = \varkappa \left\{ \operatorname{erfc} \left[\frac{x_0}{L_1} + \frac{x}{L_2} \right] \right. \quad (5.31\,\text{d})$$
$$\left. - \sum_{n=0}^{\infty} a^{n+1} \left\langle \operatorname{erfc} \left[\frac{(2\,n + 1)\,x_0}{L_1} + \frac{x}{L_2} \right] - \operatorname{erfc} \left[\frac{(2\,n + 3)\,x_0}{L_1} + \frac{x}{L_2} \right] \right\rangle \right\}$$

wobei $c_1(x, t) \equiv C_1(x, t)/C_0$, $\quad c_2(x, t) \equiv C_2(x, t)/C_0$, $\quad L_1 \equiv 2\,\sqrt{D_1 t}$,

$L_2 \equiv 2\,\sqrt{D_2 t}$, $\quad a \equiv (\varkappa - \Theta)/(\varkappa + \Theta)$, $\quad \Theta \equiv \sqrt{D_1/D_2}$.

Es sei zunächst die aus Gln. (5.31 c, d) zu entnehmende Störstellenkonzentration $C_2(0, t)$ an der Halbleiteroberfläche ($x = 0$) betrachtet. Wie Abb. 5.29 zeigt, existieren Diffusionsbedingungen (z.B. $a \approx 0{,}9$, $x_0/L_1 \approx 0{,}1$), bei denen die Störstellenkonzentration an der Halbleiteroberfläche näherungsweise umgekehrt proportional zur Dicke der maskierenden Schicht ist. In diesem Bereich kann die Störstellenkonzentration in leicht kontrollierbarer Weise (über die Dicke der maskierenden Schicht) zwischen Werten, die sich um rd. eine Größenordnung unterscheiden, variiert werden. Für $x_0/L_1 > 0{,}5$ gilt dagegen

$$C_2(0, t) \approx \varkappa\,C_0\,(1 - a)\,\operatorname{erfc} \frac{x_0}{L_1}\,, \quad (5.32)$$

d.h. es ist nur das erste Glied der Reihenentwicklung Gl. (5.31 c) maßgebend. Da das komplementäre Fehlerintegral für $x_0/L_1 > 1$ sehr rasch abfällt, ist dieser Bereich für eine kontrollierte Beeinflussung der Störstellenkonzentration durch Variation von x_0 nicht geeignet.

Für den entgegengesetzten Grenzfall sehr schwacher Maskierung ($x_0/L_1 \approx 0$) folgt aus Gl. (5.31 d)

$$C_2(0, t) \approx \varkappa\,C_0 \left(1 - \frac{2}{\sqrt{\pi}\,\Theta}\,\frac{x_0}{L_1} \right). \quad (5.33)$$

Hieraus kann beispielsweise abgeschätzt werden, ob eine nur zum Zwecke des Oberflächenschutzes aufgetragene Schicht die durch Diffusion im Halbleiter erzeugte Störstellenverteilung merklich beeinflußt.

Neben der durch maskierte Diffusion hervorgerufenen Störstellenkonzentration an der Halbleiteroberfläche interessiert insbesondere die Lage der durch Donatordiffusion in p-leitendem oder durch Akzeptordiffusion in n-leitendem Material erzeugten pn-Übergänge. Der Abstand x

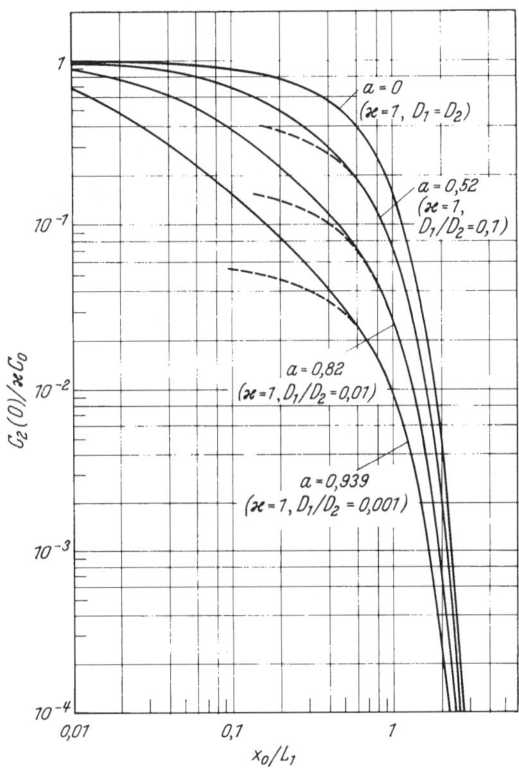

Abb. 5.29. Störstellenkonzentration an der Halbleiteroberfläche bei Diffusion durch eine teilweise maskierende Schicht der Dicke x_0 für verschiedene Diffusionsbedingungen

des pn-Überganges von der Halbleiteroberfläche folgt aus Gl. (5.31c) oder Gl. (5.31d), wenn $x = x_j$ und $c_2 = N_A/C_0$ für p-leitendes Grundmaterial, $c_2 = N_D/C_0$ für n-leitendes Grundmaterial eingesetzt werden. Abb. 5.30 zeigt die normierte Eindringtiefe x_j/L_2 in Abhängigkeit von x_0/L_1 für verschiedene Diffusionsbedingungen. Für den Fall starker Maskierung ist nur das erste Glied der Reihenentwicklung Gl. (5.31c) maßgebend. Es gilt somit

$$N_A = (\text{bzw. } N_D =)\; \varkappa\, C_0\,(1-a)\; \text{erfc}\left[\frac{x_0}{L_1} + \frac{x_j}{L_2}\right], \qquad (5.34)$$

d.h. es existiert ein linearer Zusammenhang zwischen der Tiefe x_j des pn-Überganges und der Dicke x_0 der maskierenden Schicht. Bei hinreichender Dicke der maskierenden Schicht ($x_0 = x_{00}$) wird $x_j = 0$, d.h.

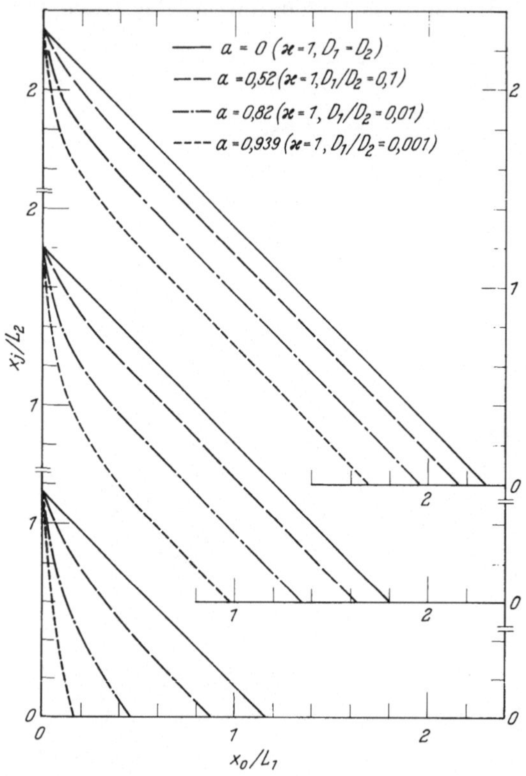

Abb. 5.30. Tiefe des pn-Überganges bei Diffusion durch eine teilweise maskierende Schicht der Dicke x_0 (normiert). Obere Kurvenschar: $N_A = (\text{bzw. } N_D =)\,10^{-3}\varkappa\,C_0$ Mittlere Kurvenschar: $N_A = (\text{bzw. } N_D =)\,10^{-2}\,\varkappa\,C_0$ Untere Kurvenschar: $N_A = (\text{bzw. } N_D =)\,10^{-1}\,\varkappa\,C_0$. Der Ordinatennullpunkt der einzelnen Kurvenscharen ist um jeweils 0,6 Einheiten verschoben

es entsteht kein pn-Übergang. Dieser Grenzfall vollständiger Maskierung kann mit

$$\frac{x_{00}}{L_1} = \text{arg erfc}\,\frac{N_A}{C_0\,\varkappa\,(1-a)}\left(\text{bzw. } = \text{arg erfc}\,\frac{N_D}{C_0\,\varkappa\,(1-a)}\right) \qquad (5.35)$$

beschrieben werden.

Im Bereich sehr schwacher Maskierung $(x_0/L_1 \ll 1)$ findet man Diffusionsbedingungen (insbesondere mit $a \approx 1$), bei denen die Tiefe x_j sehr kritisch von x_0 abhängt. Für den Grenzfall $x_0 \to 0$ ergibt sich

$$\frac{x_j}{L_2} = \mathrm{arg\ erfc}\ \frac{N_A}{\varkappa\, C_0}\ \left(\text{bzw.} = \mathrm{arg\ erfc}\ \frac{N_D}{\varkappa\, C_0}\right). \qquad (5.36)$$

Es ist jedoch zu berücksichtigen, daß Gl. (5.36) — ebenso wie Gln. (5.31 c, d), (5.32) und (5.33) — eine (u. U. beliebig dünne) maskierende Schicht mit dem Verteilungskoeffizienten $\varkappa$ voraussetzt. Bei völligem Verschwinden der maskierenden Schicht ändern sich die Randbedingungen *unstetig* durch Fortfall des Einflusses von $\varkappa$. Es wird eine sprunghafte Zunahme (oder Abnahme) der Eindringtiefe x_j und der Störstellenkonzentration an der Halbleiteroberfläche beobachtet, sofern $\varkappa \neq 1$ ist.

5.31 Maskierung mit Siliziumdioxid

Für die Verwendung von Siliziumdioxid als Maskierungssubstanz in der Diffusionstechnik sprechen die in Kap. 5.23 eingangs dargelegten Argumente. Die diffusionshemmende Wirkung von Siliziumdioxid gegenüber wichtigen Dotierungselementen — insbesondere Zinn und Zink — ist jedoch verhältnismäßig schwach. Für Anwendungsbereiche, die eine vollständige Maskierung erfordern, ist daher reines Siliziumdioxid nur bedingt geeignet.

Zur Herstellung von maskierenden SiO_2-Schichten auf Galliumarsenid dient vorwiegend die in Kap. 5.23 beschriebene Methode der pyrolytischen Zersetzung von Kieselsäuretetraäthylester, d.h. man verwendet die in Abb. 5.18 dargestellte Apparatur (ohne die Sättigungsgefäße für Zinn- und Zinkdotierung). Ferner können das ebenfalls in Kap. 5.23 erwähnte Verfahren der Reaktion siliziumorganischer Verbindungen mit Sauerstoff, sowie die Kathodenzerstäubung von Silizium in sauerstoffhaltiger Atmosphäre herangezogen werden.

Es sei zunächst die Maskierwirkung der durch Pyrolyse bei 700 °C hergestellten SiO_2-Schichten gegenüber Zinn- und Zinkdiffusion betrachtet [5.33].

Abb. 5.31 zeigt die Tiefe x_j von pn-Übergängen, die durch Zinndiffusion in p-leitendem Galliumarsenid hergestellt wurden, in Abhängigkeit von der Dicke x_0 der das Galliumarsenid bedeckenden SiO_2-Schicht. Für hinreichend große x_0 findet man den nach Gl. (5.34) zu erwartenden linearen Zusammenhang zwischen x_j und x_0. Aus der Neigung der Kurven in diesem Bereich läßt sich der Wert für L_1/L_2 zu 0,3 bis 0,4 abschätzen. Für eine vierstündige Diffusion wird vollständige Maskierung bei 1000 °C mit einer Schichtdicke von 6000 Å erreicht, während bei 1150 °C eine Schichtdicke von mindestens 10000 Å erforderlich ist.

Die Maskierwirkung von pyrolytisch erzeugten SiO_2-Schichten bei Zinkdiffusion mit einer Quelle von Ga + 1% Zn ist in Abb. 5.32 dargestellt. Wie aus Abb. 5.32 hervorgeht, ist die maskierende Wirkung der SiO_2-Schichten gegenüber Zink erheblich schwächer als gegenüber Zinn.

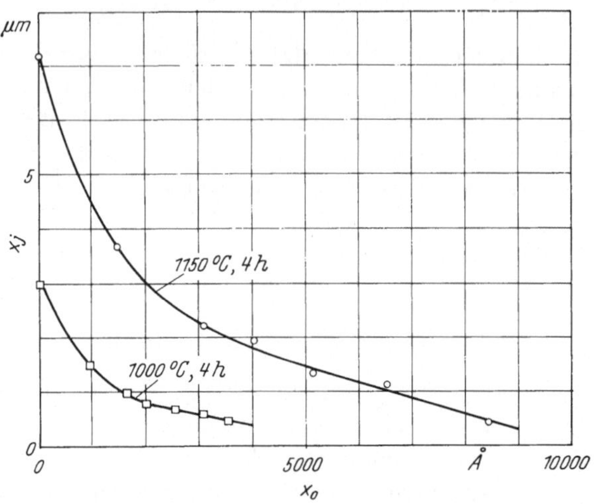

Abb. 5.31. Tiefe x_j der durch Sn-Diffusion hergestellten pn-Übergänge in Abhängigkeit von der Dicke x_0 der maskierenden SiO_2-Schicht. Grundmaterial: $N_A \approx 5 \times 10^{17}\ \mathrm{cm^{-3}}$

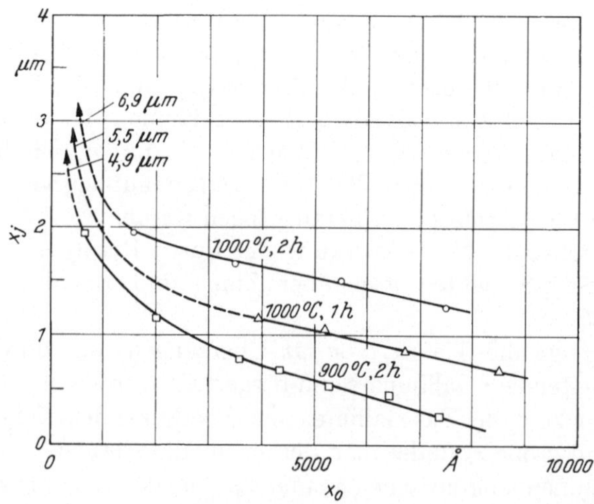

Abb. 5.32. Tiefe x_j der durch Zn-Diffusion hergestellten pn-Übergänge in Abhängigkeit von der Dicke x_0 der maskierenden SiO_2-Schicht. Die Pfeile weisen auf die bei unmaskierter Diffusion ($x_0 = 0$) erhaltenen Werte hin. Quelle: Ga + 1% Zn, Grundmaterial: $N_D \approx 2 \times 10^{17}\ \mathrm{cm^{-3}}$

Zur vollständigen Maskierung der Zinkdiffusion ist daher reines Siliziumdioxid im allgemeinen nicht geeignet. Auffallend bei den Kurven in Abb. 5.32 ist der sehr starke Anstieg der Eindringtiefe beim Übergang zur unmaskierten Diffusion ($x_0 = 0$). Dieses Verhalten ist vor allem auf die in dem betrachteten Konzentrationsbereich auftretende Variation des Diffusionskoeffizienten von Zink (siehe Kap. 5.12.2) und möglicherweise auch auf den Einfluß des Verteilungskoeffizienten $\varkappa$ (siehe Kap. 5.3) zurückzuführen.

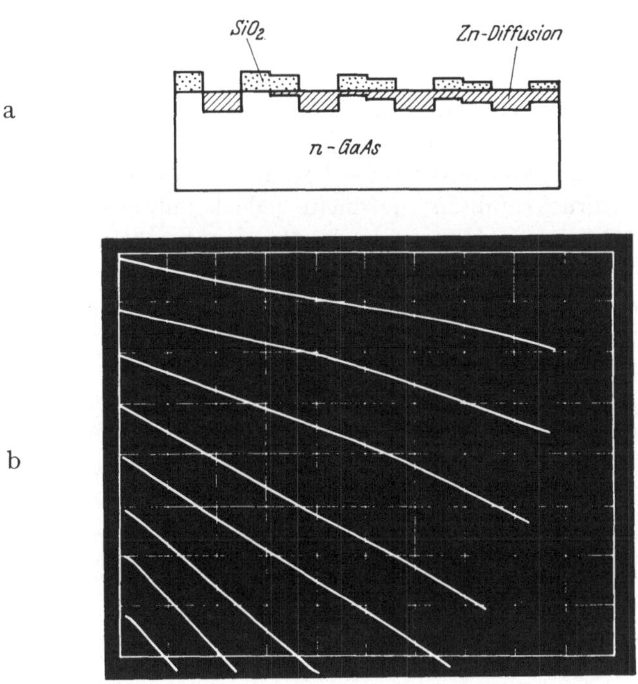

Abb. 5.33. Prüfung auf Vollständigkeit der Maskierung. a) Planardioden mit unterschiedlicher Dicke der maskierenden Schicht (schematisch). b) Sperrkennlinien der Planardioden. Der Nullpunkt der Stromachse ist jeweils um 5 mA versetzt. Unterste Kennlinie: maskierende Schicht 500 Å. Oberste Kennlinie: maskierende Schicht 3800 Å. Horizontal: 5 V/SkT

Die empfindlichste Methode zur Prüfung auf Vollständigkeit der Maskierung besteht natürlich darin, Planardioden unter Verwendung von maskierenden Schichten unterschiedlicher Dicke herzustellen (siehe Abb. 5.33a). Wenn unter der maskierenden Schicht eine p-leitende Zone entsteht, weisen die in diesem Gebiet hergestellten Dioden Kennlinien mit einem ohmschen Nebenschluß auf. Der in Sperrichtung beobachtete Leitwert ist um so größer, je tiefer die unter der maskierenden Schicht gebildete p-Zone ist.

Abb. 5.33 b zeigt die Resultate eines derartigen Versuches (Diffusion 900 °C, 1 h), wobei eine Quelle von Ga + 0,1% Zn verwendet und die Dicke des Siliziumdioxids in annähernd gleichen Stufen zwischen 500 und 3800 Å variiert wurde. Die Grenze vollständiger Maskierung dürfte in diesem Falle bei etwa 4500 Å liegen.

Die maskierende Wirkung der durch Kathodenzerstäubung hergestellten SiO_2-Schichten ist von SHORTES, KANZ und WURST untersucht worden [5.17]. Die Ergebnisse von 18-stündigen Diffusionsversuchen bei 1000 °C mit Quellen unterschiedlichen Zn-Gehaltes sind in Tab. 5.6 zusammengestellt. Die Maskierung mit einer 6500 Å dicken SiO_2-Schicht führt zu einer Reduktion der Störstellenkonzentration an der GaAs-Oberfläche um nahezu eine Größenordnung. Die ferner beobachtete Abnahme des Diffusionskoeffizienten ist teilweise — insbesondere bei dem Experiment mit einer Quelle von Ga + 1% Zn — auf die Konzentrationsverminderung zurückzuführen; sie dürfte jedoch teilweise auch durch den Einfluß der Glieder mit $n > 0$ in der Reihenentwicklung Gl. (5.31 c) vorgetäuscht sein.

Bei Verwendung von Siliziumdioxid als Maskierungssubstanz in der GaAs-Planartechnik ist zu berücksichtigen, daß im allgemeinen mit einer erhöhten Diffusionsrate — insbesondere für Zink — an der Grenzfläche SiO_2/GaAs gerechnet werden muß. Die verstärkte laterale Diffusion ist vermutlich auf mechanische Spannungen infolge unterschiedlicher Ausdehnungskoeffizienten von Siliziumdioxid und Galliumarsenid zurückzuführen. Dieser Effekt begrenzt die Anwendungsmöglichkeiten des Planarverfahrens bei sehr kleinen Strukturen.

Tabelle 5.6. *Zn-Konzentration an der GaAs-Oberfläche und Diffusionskoeffizient im Galliumarsenid bei Zn-Diffusion (1000° C, 18 h) durch eine SiO_2-Schicht (mittels Kathodenzerstäubung hergestellt). Zum Vergleich: Daten bei unmaskierter Diffusion (nach [5.17])*

Quelle	Zn-Konzentration an der GaAs-Oberfläche [cm⁻³]		Diffusionskoeffizient im GaAs [cm²/s]	
	ohne SiO_2-Schicht	mit 6500 Å SiO_2	ohne SiO_2-Schicht	mit 6500 Å SiO_2
Ga + 1% Zn	$1,3 \times 10^{19}$	3×10^{18}	7×10^{-11}	$2,2 \times 10^{-12}$
Ga + 0,1% Zn	$2,7 \times 10^{18}$	6×10^{17}	$2,9 \times 10^{-12}$	$7,1 \times 10^{-13}$
Ga + 0,01% Zn	$1,3 \times 10^{18}$	$1,6 \times 10^{17}$	$2,3 \times 10^{-12}$	$3,5 \times 10^{-13}$

5.32 Andere Maskierungssubstanzen

Die Maskierwirkung von Siliziumdioxid — insbesondere gegenüber Zink und Zinn — kann durch Zusatz von Phosphor erheblich gesteigert werden [5.34]. Phosphorhaltige SiO_2-Schichten lassen sich am einfachsten mit einer Apparatur nach Abb. 5.18 herstellen, indem man das Trägergas durch je ein Sättigungsgefäß mit Kieselsäuretetraäthylester und Trimethylphosphat leitet. Die Flußraten werden so gewählt, daß die SiO_2-Schichten ca. 7% Phosphor enthalten. Ein derartiger Phosphorzusatz ist ausreichend, um mit Schichten von einigen tausend Å eine für die meisten Anwendungen der GaAs-Planartechnik befriedigende Maskierwirkung zu erzielen.

Die Verwendung von aufgedampften SiO-Schichten bei der Diffusion von Donatoren (S, Se, Te) in Galliumarsenid wurde bereits in Kap. 5.11.1, 5.11.2 und 5.11.3 erwähnt. Die SiO-Schichten dienen hierbei als Oberflächenschutz, *ohne* die Eindringtiefe wesentlich zu beeinflussen. Gute Maskierwirkung zeigen SiO-Schichten gegenüber Akzeptoren (Zn, Cd).

Die vermutlich stärkste diffusionshemmende Wirkung aller derzeit verwendeten Maskierungssubstanzen weist Siliziumnitrid auf. Die Herstellung von Si_3N_4-Schichten durch Reaktion von Silan (SiH_4) und Ammoniak (im Verhältnis $\approx 1:40$) in überschüssigem Wasserstoff erfordert Temperaturen von 750–1000 °C [5.35]. Besondere Schwierigkeiten bereitet die Ätzung von Mikrostrukturen in Si_3N_4-Schichten. Man verwendet meist heiße Phosphorsäure, wobei eine vorher nach üblichen Verfahren (Photolack, gepufferte Flußsäure) in Siliziumdioxid geätzte Struktur als Maske dient [5.36].

Als weitere mögliche Maskierungssubstanz für die GaAs-Technologie ist Aluminiumoxid zu nennen, welches durch pyrolytische Zersetzung von Aluminium-(tri-iso-)propoxid, $Al(C_3H_7O)_3$, hergestellt werden kann. Die hierzu erforderliche Apparatur ist ähnlich der in Abb. 5.18 wiedergegebenen, jedoch müssen das verwendete Sättigungsgefäß und die anschließenden Rohrleitungen auf ca. 125 °C geheizt werden (Fp. des Aluminiumpropoxids 106 °C). Frisch niedergeschlagenes Aluminiumoxid ist mit gepufferter Flußsäure ätzbar, wird jedoch nach thermischer Behandlung über 800 °C nahezu unlöslich [5.37].

Literatur Kapitel 5

[5.1] GOLDSTEIN, B.: Phys. Rev. **121**, 1305 (1961).

[5.2] FAIRFIELD, J. M. and B. J. MASTERS: J. Appl. Phys. **38**, 3148 (1967).

[5.3] BÄUERLEIN, R.: Z. Naturforsch. **14a**, 1069 (1959).

[5.4] WEISBERG, L. R.: Trans. Metall. Soc. AIME **230**, 291 (1964).

[5.5] KENDALL, D. L. in: WILLARDSON, R. K., and A. C. BEER: Semiconductors and Semimetals, Vol. 3. New York und London: Academic Press 1967, p. 163

[5.6] FRIESER, R. G.: J. Electrochem. Soc. **112**, 697 (1965).

[5.7] MOORE, R. G., M. BELASCO and H. STRACK: Bull. Am. Phys. Soc. **10**, 731 (1965).

[5.8] GOLDSTEIN, B.: Phys. Rev. **118**, 1024 (1960).

[5.9] GANSAUGE, P.: Phys. Verh. **4**, 111 (1964).

[5.10] KOGAN, L. M., S. S. MESKIN, and A. Y. GOIKHMAN: Sov. Phys. Solid State 6, 882 (1964).

[5.11] GOLDSTEIN, B., and H. KELLER: J. Appl. Phys. 32, 1180 (1961).

[5.12] FANE, R. W., and A. J. GOSS: Solid-State Electron. 6, 383 (1963)

[5.13] GOLDSTEIN, B.: Rev. Sci. Instr. 28, 289 (1957).

[5.14] FULLER, C. S.: Phys. Rev. 86, 136 (1952).

[5.15] YEH, T. H.: J. Electrochem. Soc. 111, 253 (1964).

[5.16] VIELAND, L. J.: J. Phys. Chem. Solids 21, 318 (1961).

[5.17] SHORTES, S. R., J. A. KANZ and E. C. WURST: Trans. Metall. Soc. AIME 230, 300 (1964).

[5.18] RUPPRECHT, H., and C. Z. LeMAY: J. Appl. Phys. 35, 1970 (1964).

[5.19] CUNNELL, F. A., and C. H. GOOCH: J. Phys. Chem. Solids 15, 127 (1960).

[5.20] WEISBERG, L. R., and J. BLANC: Phys. Rev. 131, 1548 (1963).

[5.21] PILKUHN, M. H., and H. RUPPRECHT: Trans. Metall. Soc. AIME 230, 296 (1964).

[5.22] KENDALL, D. L.: Appl. Phys. Lett. 4, 67 (1964).

[5.23] SELTZER, M. S.: J. Phys. Chem. Solids 26, 243 (1965).

[5.24] SCOTT, J., and J. OLMSTEAD: RCA Rev. 26, 357 (1965).

[5.25] SCHMIDT, P. F., T. W. O'KEEFFE, J. OROSHNIK and A. E. OWEN: J. Electrochem. Soc. 112, 800 (1965).

[5.26] ANTELL, G. R.: Solid-State Electron. 8, 943 (1965).

[5.27] POLTORATSKII, E. A., and V. M. STUCHEBNIKOV: Sov. Phys. Solid State 8, 770 (1966).

[5.28] JORDAN, E.: J. Electrochem. Soc. 108, 478 (1961).

[5.29] MÜNCH, W. v.: Solid-State Electron. 9, 619 (1966).

[5.30] SHORTES, S. R., G. B. LARRABEE, J. F. OSBORNE and E. C. WURST: The Electrochem. Soc., Fall Meeting 1963, Abstract No. 151.

[5.31] HOFFMEISTER, W., und W. v. MÜNCH: unveröffentlicht.

[5.32] ALLEN, R. B., H. BERNSTEIN and A. D. KURTZ: J. Appl. Phys. 31, 334 (1960).

[5.33] GANSAUGE, P., und W. v. MÜNCH: Phys. Verh. 15, 91 (1964).

[5.34] FLATLEY, D., N. GOLDSMITH and J. SCOTT: The Electrochem. Soc. Spring Meeting 1964, Abstract No. 69.

[5.35] DOO, V. Y., D. R. NICHOLS and G. A. SILVEY: J. Electrochem. Soc. 113, 1279 (1966).

[5.36] GELDER, W. VAN, and V. E. HAUSER: J. Electrochem. Soc. 114, 869 (1967).

[5.37] ABOAF, J. A.: J. Electrochem. Soc. 114, 948 (1967).

[5.38] ANTELL, G. R.: Brit. J. Appl. Phys. 1, 113 (1968).

6. Legierungstechnik

Durch Kristallisation aus einer nichtstöchiometrischen Ga/As-Schmelze oder einer geeigneten Legierungsschmelze, beispielsweise Sn/Ga/As, können GaAs-Schichten bei relativ niedrigen Temperaturen (600—900 °C) hergestellt werden. Die Anwendung dieses Kristallisationsverfahrens hat u.a. folgende Vorteile:

1. Da die Arbeitstemperatur erheblich geringer ist als bei Kristallisation aus stöchiometrischer Schmelze, wird die Möglichkeit der Aufnahme von Verunreinigungen aus dem Tiegelmaterial eingeschränkt.

2. Die metallische Schmelze (Ga-Überschuß bzw. Zinn) wirkt getternd auf bestimmte Verunreinigungen, wie beispielsweise Kupfer [6.1].

3. Es können — unter Vermeidung des Diffusionsprozesses — pn-Übergänge und andere Zonenfolgen (n^+n, p^+p) mit hohem Störstellengradienten hergestellt werden.

Die Kristallisation aus nichtstöchiometrischer Schmelze liefert bei sorgfältiger Durchführung des Verfahrens pn-Übergänge mit besonders ebenen Grenzflächen, welche mit niedrig indizierten Kristallebenen, z. B. (111), ($\bar{1}\,\bar{1}\,\bar{1}$) oder (100), zusammenfallen. Diese Methode ist insbesondere zur Herstellung von Injektionslasern geeignet.

In Analogie zur Technologie der Ge- und Si-Bauelemente ist die Anwendung der Legierungstechnik auch zur Kontaktierung der durch Epitaxie, Diffusion etc. hergestellten GaAs-Bauelemente erforderlich. Dabei ist es häufig notwendig, Kontakte zu n- und p-leitenden Zonen in unterschiedlichen Arbeitsgängen zu erzeugen. Besondere Sorgfalt erfordert die Kontaktierung von schwach dotierten Schichten in Elektronentransfer-Bauelementen.

6.1 Epitaxie aus der flüssigen Phase

Das Verfahren zur Herstellung epitaxialer GaAs-Schichten aus der flüssigen Phase geht prinzipiell in folgenden Schritten vor sich [6.2]:

1. Eine geeignete Schmelze (Gallium, Zinn, Blei) wird mit Galliumarsenid gesättigt.

2. Die gesättigte Schmelze wird mit dem Keimkristall (Substrat) in Kontakt gebracht.

3. Langsames Absenken der Temperatur bewirkt eine Ausscheidung von Galliumarsenid (vorwiegend epitaxial an der Oberfläche des Keimes).

4. Wenn die gewünschte Dicke der abgeschiedenen Schicht erreicht ist, wird die Schmelze von dem Substrat getrennt.

In Abb. 6.1 und 6.2 sind Systeme zur Abscheidung von Galliumarsenid aus der flüssigen Phase dargestellt. Beispiele für den zeitlichen Verlauf der Temperatur sind ebenfalls in Abb. 6.1 und 6.2 zu finden. Die Sättigung der Schmelze kann durch Zugabe von Galliumarsenid *im Überschuß* erfolgen; in diesem Falle beginnt das epitaxiale Wachstum unmittelbar nach Überschreiten des Temperaturmaximums (Abb. 6.1c). Bei Einwaage einer *begrenzten* Menge Galliumarsenid ist dagegen eine aus dem Zustandsdiagramm zu entnehmende Sättigungstemperatur einzustellen. Das Substrat muß in diesem Falle mit der Schmelze in Kontakt gebracht werden, wenn im Verlauf der Abkühlung die Sättigungstemperatur gerade erreicht wird. Die Schmelze kann dagegen vorher eine erheblich höhere Temperatur erhalten, um eine vollständige Durchmischung zu erleichtern (siehe beispielsweise den Temperaturverlauf in Abb. 6.2 b).

Die Abb. 6.1 a und 6.1 b zeigen zwei Varianten des FlüssigepitaxieVerfahrens mit GaAs-Überschuß. In der Apparatur nach Abb. 6.1 a

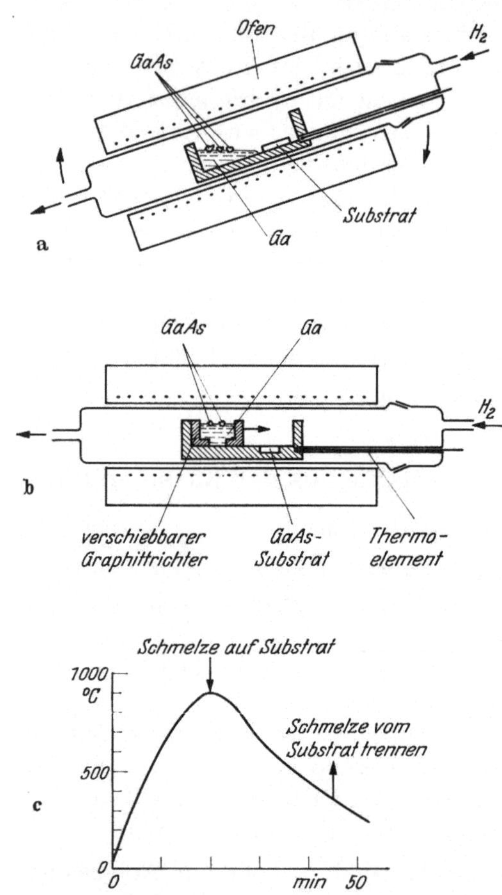

Abb. 6.1. Herstellung von GaAs-Schichten mittels Epitaxie aus der flüssigen Phase. a) Apparatur mit Kippofen (nach [6.2]), b) Apparatur mit verschiebbarem Trichter (nach [6.3]), c) Beispiel für Temperaturzyklus bei GaAs-Überschuß

wird die Schmelze durch Kippen des Ofens mit dem Substrat in Berührung gebracht, während in Abb. 6.1 b die Zusammenführung von Schmelze und Substrat mittels eines beweglichen Trichters bewerkstelligt wird [6.3]. In der Anordnung gemäß Abb. 6.2 a wird das Substrat während einer bestimmten Zeitdauer (siehe Abb. 6.2 b) in die Schmelze eingetaucht.

Falls die geometrischen Verhältnisse des durch Epitaxie aus der flüssigen Phase herzustellenden Bauelementes es gestatten, ist eine geringfügige Abtragung von der Oberfläche des Substrates erwünscht, um vor Beginn des Wachstums eine möglichst saubere und ebene Oberfläche zu schaffen. Zu diesem Zweck wird das Substrat zunächst mit einer nicht vollständig gesättigten Schmelze in Berührung gebracht, d. h. in der Apparatur nach Abb. 6.2a wird das Substrat bereits in die Schmelze eingetaucht, wenn die Temperatur der Schmelze noch etwas *oberhalb*

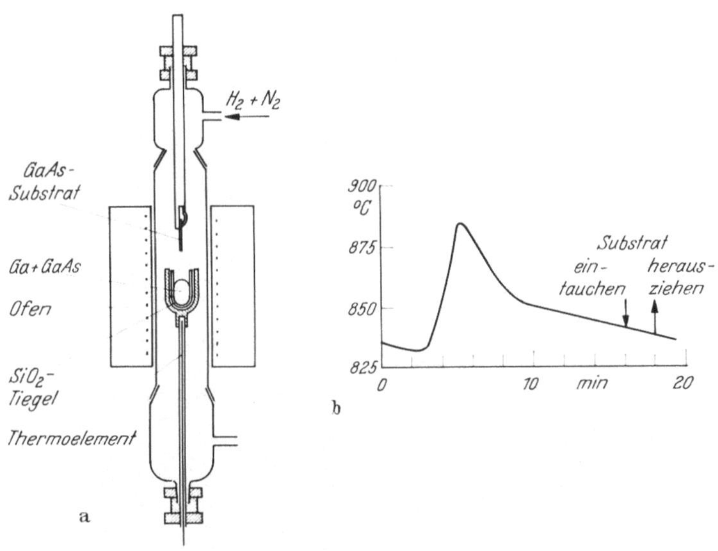

Abb. 6.2. Herstellung von GaAs-Schichten mittels Epitaxie aus der flüssigen Phase.
a) Apparatur für Eintauchverfahren (nach [6.4]),
b) Beispiel für Temperaturzyklus

der Sättigungstemperatur liegt. Das gleiche Ziel wird erreicht, wenn man in Anordnungen nach Abb. 6.1a, b die Schmelze bereits *vor* Erreichen der Maximaltemperatur mit dem Substrat in Berührung bringt. Bei der Abtragung bildet sich eine Lösungsfront entlang der durch die Substratorientierung vorgegebenen Kristallebene aus. Man erhält somit besonders ebene Grenzflächen zwischen Substrat und aufgewachsener GaAs-Schicht. Bevorzugt werden Substrate mit den Orientierungen (111), (100), ($\bar{1}\,\bar{1}\,\bar{1}$).

Wie aus dem Zustandsdiagramm Abb. 6.3 hervorgeht, wird bei Temperaturen unter 600 °C nur eine sehr geringe Menge Arsen in der Ga-Schmelze gelöst. Bei 850 °C beträgt die Löslichkeit 3,8 At.% Arsen, d. h. zur Abscheidung von Galliumarsenid bei dieser Temperatur ist eine aus

92 Gew.% Gallium und 8 Gew.% Galliumarsenid zusammengesetzte Schmelze geeignet.

Zur Herstellung dotierter Schichten wird der Schmelze eine entsprechende Menge Tellur, Zinn, Zink oder Cadmium beigefügt. Silizium, das bei der Kristallisation aus stöchiometrischer Schmelze stets als Donator wirkt, kann bei der Epitaxie aus der flüssigen Phase — je nach Zusammensetzung der Schmelze — als Donator (auf Ga-Plätzen) oder als

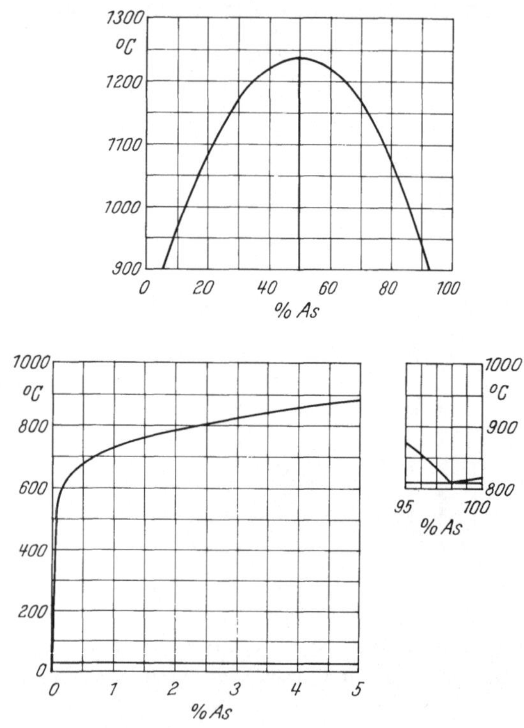

Abb. 6.3. Zustandsdiagramm des Systems Ga/As (nach [6.5])

Akzeptor (auf As-Plätzen) eingebaut werden. Der Übergang vom Donator- zum Akzeptorverhalten des Siliziums erfolgt, wenn der As-Gehalt der Schmelze 5 At.% unterschreitet, d.h. wenn die Sättigungstemperatur unter 900 °C absinkt. Durch Kristallisation aus einer Si-haltigen Ga/As-Schmelze können somit *pn*-Übergänge hergestellt werden, wenn das Kristallwachstum *oberhalb* 900 °C beginnt und *unterhalb* 900 °C endet [6.4].

Die für den Störstelleneinbau maßgebenden Verteilungskoeffizienten sind von der Kristallisationstemperatur und von der Substratorientierung abhängig. In Tab. 6.1 sind einige Zahlenwerte für verschiedene Kristallisationsbedingungen zusammengestellt.

Tabelle 6.1. *Verteilungskoeffizienten für den Störstelleneinbau bei Flüssigepitaxie aus Ga/As-Schmelzen*

Dotierungs-element	Substrat-orientierung	Temperatur [°C]	Verteilungs-koeffizient	Lit.
Sn	(100)	650	7×10^{-5}	[6.6]
		850	4×10^{-4}	
	$(1\,1\,\bar{1})$	850	10^{-4}	
	(100)	700	4×10^{-5}	[6.7]
Se	(100)	700	5	[6.8]
Te	(100)	700	1	[6.8]
		700	1	[6.7]
		850	6	

Zur epitaxialen Abscheidung von n-leitenden GaAs-Schichten in Apparaturen nach Abb. 6.1a, b oder 6.2a ist insbesondere eine aus Zinn, Gallium und Arsen zusammengesetzte Schmelze geeignet. Das Zustands-

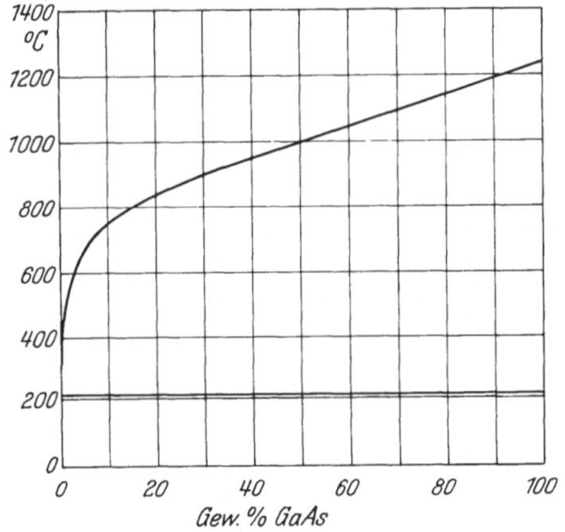

Abb. 6.4. Zustandsdiagramm des Systems Sn/GaAs (nach [6.9])

diagramm des quasibinären Systems Sn/GaAs ist in Abb. 6.4 dargestellt. Um eine hinreichende Menge Galliumarsenid in Zinn lösen zu können, ist eine Temperatur von mindestens 600 °C erforderlich [6.2].

Bei teilweiser Bedeckung des Substrates mit einem amorphen Material (z.B. Siliziumdioxid) kann die Abscheidung der GaAs-Schicht auf bestimmte Bereiche des Substrates beschränkt werden („selektive Epitaxie").

Eine weitere Variante des Flüssigepitaxie-Verfahrens ist in Abb. 6.5 dargestellt (Methode der wandernden Lösungszone [6.10]). Die gallium-reiche Schmelze befindet sich als dünne Schicht zwischen dem Substrat und einem als Materialreservoir dienenden GaAs-Plättchen. Diese Anordnung wird auf die für die Epitaxie aus der flüssigen Phase notwendige Temperatur gebracht (z. B. 800 °C). Durch einen zusätzlichen Temperaturgradienten (5–10 °C/cm) wird erreicht, daß Galliumarsenid von dem Vorratsplättchen gelöst wird, während gleichzeitig die Abscheidung

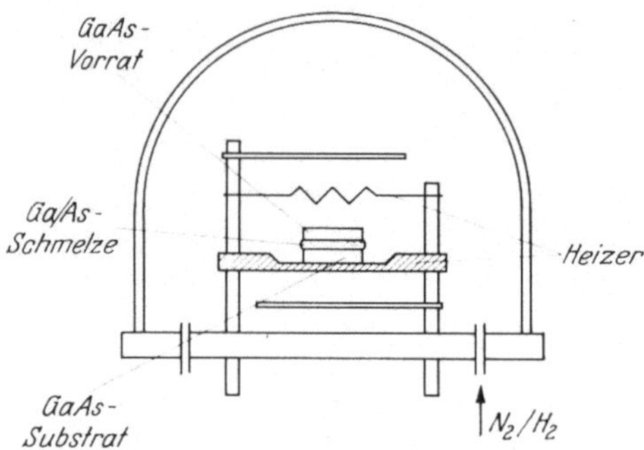

Abb. 6.5. GaAs-Epitaxie nach der Methode der wandernden Lösungszone (schematisch)

einer entsprechenden Menge Galliumarsenid auf dem Substrat erfolgt. Die Zone der galliumreichen Schmelze wandert somit in Richtung des Temperaturgradienten und befindet sich am Ende des Prozesses oberhalb der auf dem Substrat aufgewachsenen GaAs-Schicht. Durch geeignete Wahl der Dotierung von Substrat und Vorratsplättchen können pn-Übergänge und andere Halbleiterstrukturen hergestellt werden.

6.2 Ohmsche Kontakte

Die sperrfreie Kontaktierung von GaAs-Bauelementen bereitet erheblich größere Schwierigkeiten als diejenige entsprechender Silizium- oder Germaniumstrukturen. Insbesondere ist es bei GaAs-Bauelementen nicht immer möglich, p- und n-leitende Gebiete gleichzeitig mit demselben Material zu kontaktieren.

Herstellungs- und anwendungstechnisch zu unterscheiden sind Halbkugel- und Schichtkontakte. In Tab. 6.2 und 6.3 sind die wichtigsten Materialien aufgeführt, welche zur Herstellung von ohmschen Kontakten in Halbkugelform auf n- und p-leitendem Galliumarsenid dienen. Tab. 6.4 und 6.5 enthalten Informationen über häufig verwendete Schichtkontakte.

Ohmsche Halbkugelkontakte werden insbesondere für elektrische Messungen an GaAs-Proben (Widerstand und HALL-Effekt), sowie für bestimmte Typen von Elektronentransfer-Bauelementen benötigt. Metallkugeln geeigneter Größe werden hierzu in verdünnter Salpetersäure und

Salzsäure gereinigt und auf die frisch geätzte GaAs-Oberfläche gelegt. Die Legierung erfolgt in reduzierender Atmosphäre, beispielsweise Stickstoff/Wasserstoff oder Argon/Wasserstoff, wobei durch Zugabe von Chlorwasserstoffgas (ca. 5%), die Benetzung verbessert wird. Auch Flußmittel, wie $SnCl_2$ (Fp. 246 °C), können hierbei eingesetzt werden [6.22].

Tabelle 6.2. *Materialien zur Herstellung von ohmschen Halbkugelkontakten auf n-GaAs*

Metall bzw. Legierung	Schmelz-punkt [°C]	Temperatur für Kontakt-legierung [°C]	Bemerkungen	Lit.
98 In + 2 Te	155	300	weich	[6.11]
45 Bi + 50 Sn + 5 Pt	160	500	weich	[6.11]
Sn	232	500	weich	[6.12]
98 Sn + 2 Te	250	450		
88 Au + 12 Ge	330	450	hart	[6.13]
50 Sn + 44 Au + 6 Ge		450	hart	[6.13]
70 Au + 29 In + 1 Te		450		

Tabelle 6.3. *Materialien zur Herstellung von ohmschen Halbkugelkontakten auf p-GaAs*

Metall bzw. Legierung	Schmelz-punkt [°C]	Temperatur für Kontakt-legierung [°C]	Bemerkungen	Lit.
In	155		weich	[6.11]
98 Bi + 2 Cd	270	500	weich	[6.11]
Zn	420	430		[6.14]
99 In + 1 Zn		160	weich	[6.14]

Tabelle 6.4. *Ohmsche Schichtkontakte für n-GaAs*

Legierung bzw. Schichtenfolge	Temperatur für Kontakt-legierung [°C]	Bemerkungen	Lit.
5000 Å In + 5000 Å Ni	300		[6.15]
5000 Å In + 1000 Å Au	450	aufgedampft und anschließend legiert	
500 Å Ag + 5000 Å Sn	320—450	aufgedampft und anschließend legiert	[6.16]
2000 Å Sn + 2000 Å Ni	620	aufgedampft und anschließend legiert	[6.17]
2000 Å Sn + 2000 Å Ag	600		
84 Au + 11 Ge + 5 Ni	450—480		[6.18]
88 Au + 12 Ge	350—450	aufgedampft und gleichzeitig legiert	
99 Au + 1 Te	450	aufgedampft und gleichzeitig legiert	[6.19]
99 Ag + 1 Te	620		
90 Ag + 5 In + 5 Ge	600	aufgedampft und anschließend legiert	[6.20]

Tabelle 6.5. *Ohmsche Schichtkontakte für p-GaAs*

Legierung	Temperatur für Kontaktlegierung [°C]	Bemerkungen	Lit.
98 Au + 2 Zn	450		
98 Au + 2 Mg	450	} aufgedampft und gleichzeitig legiert	[6.19]
98 Ag + 2 Mg	620		
80 Ag + 10 In + 10 Zn	600	} aufgedampft und anschließend legiert	[6.20]
96 Ag + 4 Mn	550		[6.21]

Zur Kontaktierung von GaAs-Proben dienen vorzugsweise Indium (Fp. 155 °C) und Indiumlegierungen. Die Verwendung von Zinn zur Kontaktierung von *n*-leitendem Galliumarsenid ist ebenfalls sehr weit verbreitet. Eine Reihe von niedrigschmelzenden, duktilen Legierungsmaterialien ist auf der Basis von Wismut oder Wismut/Zinn aufgebaut [6.11]. Mechanisch stabilere Kontakte, die u. U. bei Elektronentransfer-Bauelementen erwünscht sind, erhält man unter Verwendung der eutektischen Legierung von Gold mit Germanium (88 Gew. % Au + 12 Gew. % Ge, Schmelzpunkt 330° C).

Aufgedampfte und einlegierte Metallschichten dienen zur Kontaktierung von großen Flächen und von begrenzten Bereichen, insbesondere in der Planar- und Mesatechnik. Dabei müssen besondere Maßnahmen getroffen werden, um eine gleichförmige Legierung zu gewährleisten.

Mit aufgedampften Indiumschichten können Injektionslaser und GUNN-Oszillatoren kontaktiert werden, wenn durch Deckschichten von Gold, Nickel etc. ein Zusammenlaufen des Indiums verhindert wird [6.15]. Beim Einlegieren von aufgedampften Zinnschichten besteht ebenfalls eine starke Tendenz zur Bildung von kleinen Inseln, d.h. man erhält keine zusammenhängenden ohmschen Kontakte. Zur Vermeidung der Inselbildung werden u.a. folgende Verfahren angewandt: Belegung der GaAs-Oberfläche mit ca. 500 Å Silber vor dem Aufdampfen der Zinnschicht, Bedeckung der aufgedampften Zinnschicht mit Silber oder Nickel (siehe Tab. 6.4). Bei diesen Verfahren hängen die elektrischen Eigenschaften der Kontakte kritisch von den Prozeßparametern (Schichtdicken, Legierungstemperatur und -zeit) ab.

Zur Kontaktierung von Mesa- und Planarbauelementen (bipolare und Feldeffekttransistoren) sind am besten Gold und Silber mit entsprechenden Dotierungszusätzen geeignet. Für Gold ist eine Legierungstemperatur von 450 °C ausreichend, während Silber erst bei 600 °C mit Galliumarsenid zu legieren beginnt. Silberkontakte weisen somit eine höhere Stabilität gegenüber thermischer Belastung auf, d.h. es können

Prozeßschritte, die eine Temperatur von ca. 500 °C erfordern, im Anschluß an die Ag-Kontaktierung durchgeführt werden. Die speziellen Kontaktierungsverfahren der Mesa- und Planartechnik werden in Kap. 8 und 9 erläutert.

Literatur Kapitel 6

[6.1] PANISH, M. B., H. J. QUEISSER, L. DERICK and S. SUMSKI: Solid-State Electron. **9**, 311 (1966).

[6.2] NELSON, H.: RCA Rev. **24**, 603 (1963).

[6.3] BENEKING, H., und W. VITS: Verhandl. DPG (IV) **2**, 57 (1967).

[6.4] RUPPRECHT, H.: Gallium Arsenide: 1966 Symposium Proceedings, Institute of Physics and Physical Society, 57.

[6.5] THURMOND, C.D.: J. Phys. Chem. Solids **26**, 785 (1965).

[6.6] KANG, C.S., and P. E. GREENE: Gallium Arsenide: 1968 Symposium Proceedings, Institute of Physics and Physical Society, 18.

[6.7] SOLOMON, R.: Gallium Arsenide: 1968 Symposium Proceedings, Institute of Physics and Physical Society, 11.

[6.8] GOODWIN, A. R., C. D. DOBSON and J. FRANKS, Gallium Arsenide: 1968 Symposium Prodceedings, Institute of Physics and Physical Society, 36.

[6.9] VASILEV, A. P., und A. P. VYATKIN: Izv. VUZ Fiz. **8**, 152 (1965).

[6.10] MLAVSKY, A. I., and M. WEINSTEIN: J. Appl. Phys. **34**, 2885 (1963).

[6.11] DALE, J. R., and M. J. JOSH: Solid-State Electron. **7**, 177 (1964).

[6.12] DAY, G. F.: Trans. IEEE **ED — 13**, 88 (1966).

[6.13] SALOW, H. und E. GROBE: Z. angew. Phys. **25**, 137 (1968).

[6.14] JADUS, D. K., H. E. REEDY and D. L. FEUCHT: J. Electrochem. Soc. **114**, 408 (1967).

[6.15] HAKKI, B. W., and S. KNIGHT: IEEE Trans. **ED — 13**, 94 (1966).

[6.16] RAMACHANDRAN, T. B., and R. P. SANTOSUOSSO: Solid-State Electron. **9**, 733 (1966).

[6.17] SALOW, H., und K. W. BENZ: Z. angew. Phys. **19**, 157 (1965).

[6.18] BRASLAU, N., J. B. GUNN and J. L. STAPLES: Solid-State Electron. **10**, 381 (1967).

[6.19] WÜSTENHAGEN, J.: Z. Naturforsch. **19a**, 1433 (1964).

[6.20] COX, R. H., and H. STRACK: Solid-State Electron. **10**, 1213 (1967).

[6.21] NUESE, C. J., and J. J. GANNON: J. Electrochem. Soc. **115**, 327 (1968).

[6.22] SCHWARTZ, B., and J. C. SARACE: Solid-State Electron. **9**, 859 (1966).

7. Dioden

Nach herkömmlicher Terminologie entsprechender Silizium- und Germaniumbauelemente sind folgende Typen von GaAs-Dioden zu unterscheiden:

1. Spitzendioden
2. Legierte Dioden
3. Diffundierte Dioden
4. SCHOTTKY-(Metall-Halbleiter-)Dioden.

Hierbei ist der Begriff „Spitzendioden" rein fertigungstechnisch zu verstehen. Vom physikalischen Standpunkt aus gesehen, handelt es sich entweder um spezielle Metall-Halbleiter-Kontakte oder um kleinflächige pn-Übergänge, die durch Einbau von aus dem Spitzenmaterial herrührenden Störstellen entstanden sind.

Aus ökonomischen Gründen (Konkurrenz billigerer Silizium- und Germaniumdioden) konzentriert sich bei GaAs-Dioden das Interesse auf Hoch- und Höchstfrequenzbauelemente. Diffundierte und legierte GaAs-Dioden können nach den in Kap. 5 und 6 beschriebenen Verfahren hergestellt werden, jedoch werden in der Praxis Spitzendioden und aufgedampfte Metall-Halbleiter-Kontakte bevorzugt.

Die Herstellung von GaAs-Spitzendioden folgt den in der Germanium- und Siliziumtechnik gebräuchlichen Verfahren: Das Halbleitermaterial (n-GaAs, ca. 0,01 Ωcm) wird mechanisch und chemisch bearbeitet (sägen, läppen, polieren) und einseitig mit einen ohmschen Großflächenkontakt versehen (siehe Kap. 6.2). Beim Einbau in das Diodengehäuse wird eine federnde Spitze auf die GaAs-Oberfläche gesetzt. Es folgt u. U. ein Formierprozeß, bei dem durch einen Stromstoß eine kleine p-leitende Zone in Spitzennähe erzeugt wird. Bei Verwendung von dünnen epitaxialen n-GaAs-Schichten auf sehr niederohmigem Substratmaterial kann der ohmsche Bahnwiderstand zwischen der Spitze (bzw. dem durch Formierung erzeugten pn-Übergang) und dem ohmschen Gegenkontakt weitgehend eliminiert werden. Hierbei sollte die Dicke der epitaxialen Schicht gerade der Weite der Raumladungszone bei maximaler Sperrspannung entsprechen. In bestimmten Fällen ist es möglich, durch wiederholte Durchführung des Formierprozesses optimale Verhältnisse zu schaffen [7.1].

Gleichrichtende Metall-Halbleiterkontakte (SCHOTTKY-Kontakte) werden durch Aufbringen eines Metalls auf n-Galliumarsenid mittels Aufdampfen, Kathodenzerstäubung oder Elektrolyse hergestellt. Die Begrenzung der Kontaktfläche erfolgt durch photolithographische Verfahren. Bei der Wahl des Kontaktmetalls sind anwendungstechnische und technologische Gesichtspunkte bestimmend. Anwendungstechnisch wichtig ist die Kniespannung, d.h. diejenige Spannung in Durchlaßrichtung, bei der die Diode zu leiten beginnt. Die Kniespannung ist korreliert mit der Höhe der Potentialbarriere zwischen Metall und Halbleiter. In Tab. 7.1 sind einige Werte für die Barrierenhöhe verschiedener Metalle auf (111)- und (100)-Ebenen des Galliumarsenids aufgeführt. Für viele Anwendungszwecke ist eine geringe Barrierenhöhe erwünscht. Ferner sollte die Legierungstemperatur zwischen dem Kontaktmetall und Galliumarsenid möglichst hoch liegen, um eine hohe thermische Belastbarkeit des Kontaktes zu gewährleisten. (Bei Überlastung wird der Metall-Halbleiter-Kontakt durch örtliche Überhitzung und Legierungsbildung zerstört). Ein weiterer Gesichtspunkt für die Materialauswahl ist die Haftfähigkeit auf Galliumarsenid und auf umliegenden Isolatorschichten.

Die vorstehenden Forderungen können unter Verwendung von Nickel als Kontaktmaterial weitgehend erfüllt werden. Auf das Kontaktmaterial wird meist eine zusätzliche Metallschicht aufgebracht; hierbei stehen die Kriterien der Leitfähigkeit und der Resistenz gegen atmosphärische Einflüsse im Vordergrund.

Tabelle 7.1. *Höhe der Potentialbarriere zwischen verschiedenen Metallen und der GaAs-Oberfläche* [7.2].

Metall	Höhe der Potientialbarriere [V]	
	(111)-GaAs	(100)-GaAs
Nickel	0,83	0,70
Gold	0,99	0,90
Silber	0,94	0,85
Wolfram		0,73
Aluminium	0,80	0,71
Zinn	0,70	0,68
Kupfer	0,80	0,73

Abb. 7.1 zeigt schematisch den Aufbau einer GaAs-SCHOTTKY-Diode. Bei dieser Konfiguration nimmt der gleichrichtende Nickelkontakt nur eine sehr geringe Fläche ein, während der Anschlußkontakt (Titan und Silber) sich über eine erheblich größere Fläche erstreckt. Die isolierende

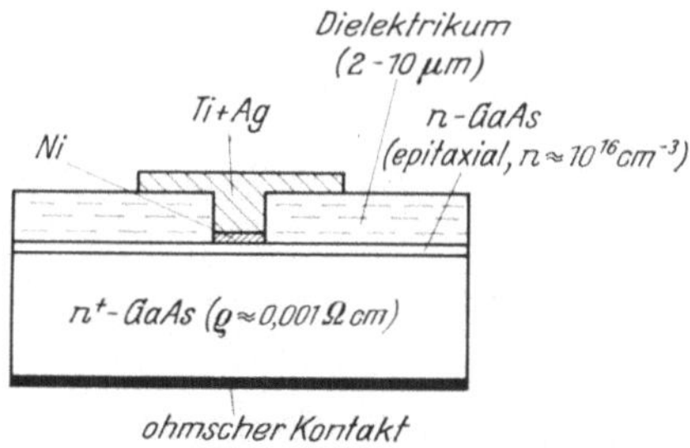

Abb. 7.1. Querschnitt durch eine GaAs-SCHOTTKY-Diode (schematisch, nach [7.3])

Schicht sollte eine möglichst niedrige DK besitzen und muß außerdem mit dem thermischen Ausdehnungskoeffizienten an Galliumarsenid angepaßt sein. Als geeignet haben sich u. a. Bor-Aluminium-Gläser erwiesen, welche durch gleichzeitige Zersetzung von Borsäure-tri-isopropylester, Triäthylaluminium und Kieselsäuretetraäthylester im Sauerstoffstrom mittels einer Apparatur ähnlich Abb. 5.18 hergestellt werden können [7.2].

Literatur Kapitel 7

[7.1] BURRUS, C. A.: Proc. IEEE **51**, 1777 (1963).
[7.2] GENZABELLA, C. F., and C. M. HOWELL: Gallium Arsenide: 1966 Symposium
       Proceedings, Institute of Physics and Physical Society, 131.
[7.3] HOWELL, C. M.: Electronics **40**, No 23, 123 (1967).

8. Bipolare Transistoren

Zur Herstellung von GaAs-Transistoren werden die in Kap. 4, 5 und 6 beschriebenen Verfahrensschritte (Vorbereitung des Grundmaterials, Epitaxie, Diffusion, Kontaktierung) in geeigneter Kombination angewandt. Die seitliche Begrenzung der Bauelemente erfolgt — in Anlehnung an die Siliziumtechnologie — entweder durch Ätzung (Mesatechnik) oder durch selektive Diffusion (Planartechnik) unter Verwendung maskierender Schichten bzw. mit räumlicher Begrenzung der Diffusionsquellen. Als Hilfsmittel können dabei die hochentwickelten Methoden der Photolithographie aus der Siliziumtechnologie übernommen werden.

Technologische Schwierigkeiten ergeben sich bei der Herstellung von bipolaren GaAs-Transistoren insbesondere aus den Forderungen nach hoher Emitterwirksamkeit und hinreichendem Transportfaktor. Diese Forderungen sind bei npn-Transistoren leichter als bei pnp-Transistoren zu erfüllen. Die gegenwärtige Entwicklung von GaAs-Transistoren ist daher vorwiegend auf npn-Bauelemente ausgerichtet.

Die Hochfrequenzeigenschaften von GaAs-Transistoren sind infolge des bisher unvermeidbaren Auftretens von Haftstellen (tiefliegenden Donatoren) noch unbefriedigend. Dagegen hat sich die für Galliumarsenid erwartete Eignung als Material für Hochtemperaturbauelemente im wesentlichen bestätigt.

8.1 npn-Transistoren

Beim Entwurf von npn-Transistoren besteht nur ein sehr begrenzter Spielraum für die Wahl der Störstellenkonzentrationen in den drei Bereichen Emitter, Basis und Kollektor. Abb. 8.1 zeigt schematisch das Störstellenprofil in einem durch Doppeldiffusion hergestellten npn-Transistor. Die Dotierung der Kollektorzone, vorgegeben durch das Ausgangsmaterial oder durch eine Epitaxieschicht, sollte etwa $2 - 6 \times 10^{16}$ cm^{-3} betragen. Schwächer dotiertes n-Material neigt zu thermischer Konversion (Entstehung von p-leitenden oder hochohmigen Schichten), während eine zu hohe Dotierung der Kollektorzone den Spielraum für die Dotierung der Basiszone stark einengt.

In der durch Donatorendiffusion erzeugten Emitterzone erhält man eine maximale Störstellenkonzentration von etwa 10^{19} cm^{-3}, die maximale Ladungsträgerdichte ist erheblich niedriger (rd. 2×10^{18} cm^{-3}, siehe beispielsweise Abb. 5.6). Bei einem Beweglichkeitsverhältnis $\mu_n : \mu_p \approx 20$ ist eine genügend hohe Emitterwirksamkeit zu erwarten, wenn die Akzeptorendiffusion für die Basiszone so durchgeführt wird, daß die Ober-

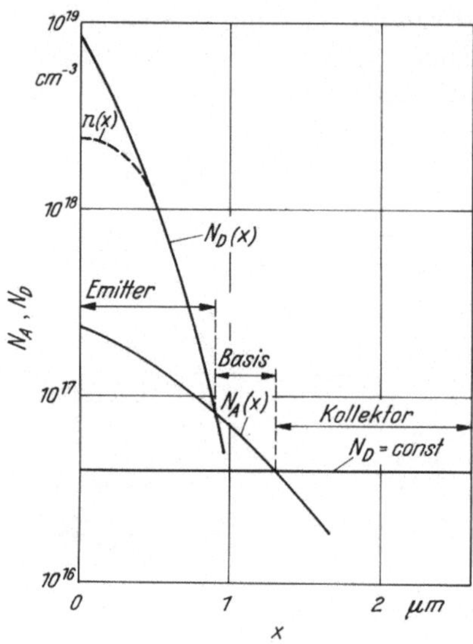

Abb. 8.1. Störstellenprofil der durch Doppeldiffusion hergestellten npn-Transistoren (schematisch)

flächenkonzentration unter 5×10^{17} cm^{-3} bleibt. Im Hinblick auf die o.a. Dotierung des Kollektorbereiches besteht somit ein zentrales Problem bei der Herstellung von npn-Transistoren darin, die — verhältnismäßig niedrige — Störstellenkonzentration der Basiszone sehr exakt einzustellen.

Die Donatoren- und Akzeptorendiffusionen sollten so aufeinander abgestimmt sein, daß eine Basisdicke von weniger als $0,5\,\mu$m resultiert, um einen hinreichenden Transportfaktor zu gewährleisten.

8.11 Doppeldiffusion aus der Gasphase

Die Herstellung von GaAs-Transistoren mittels Doppeldiffusion aus der Gasphase erfolgt in Anlehnung an die Verfahrensweisen der Siliziumtechnologie. Abweichungen betreffen insbesondere die Aufbringung der maskierenden Schichten, die Wahl der Diffusionsquellen und -temperaturen, sowie die Kontaktierung der Bauelemente. Als Dotierungselemente

für die Basis- und Emitterzone dienen in der GaAs-Planartechnik vorzugsweise Zink und Zinn, da die Diffusionstechnik dieser beiden Elemente derzeit am besten beherrscht wird [8.1]. In der Mesatechnik werden andere Kombinationen, beispielsweise Magnesium und Schwefel, ebenfalls mit Erfolg verwendet [8.2].

Die wichtigsten Verfahrensschritte zur Herstellung von planaren npn-Transistoren sind in Abb. 8.2 zusammengestellt. Nach geeigneter Bearbeitung des Grundmaterials (Sägen, Läppen, Polieren* und Aufbringung einer epitaxialen Schicht) wird die Oberfläche des GaAs-Plättchens mit einer 4000–5000 Å dicken, 5–7 % Phosphor enthaltenden

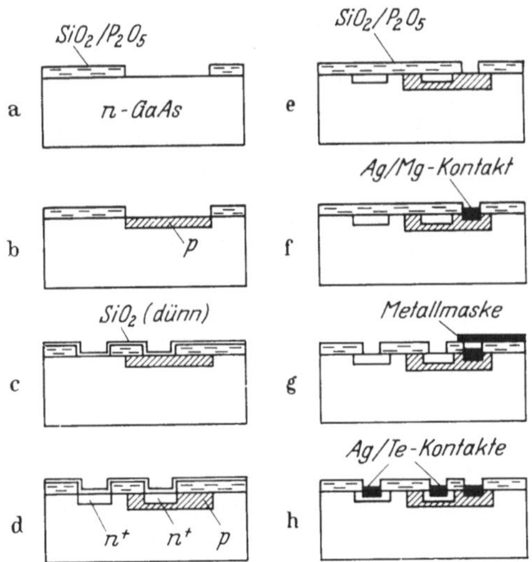

Abb. 8.2. Herstellung von planaren npn-Transistoren durch Doppeldiffusion aus der Gasphase, einschließlich Kontaktierung. (Nach [8.1])

Siliziumdioxidschicht belegt (siehe Kap. 5.32). Durch konventionelle Verfahren der Photolithographie werden sodann die für die Basisdiffusion vorgesehenen Gebiete freigelegt (Abb. 8.2a). Die Basisdiffusion erfolgt in einer abgeschlossenen Ampulle unter Verwendung einer Quelle von Ga + 0,1 % Zn und unter Zugabe von Arsen. Wie bereits in Kap. 5.12.2 erwähnt, ist die Zn-Diffusionsrate in gewissem Umfang von der Qualität des Grundmaterials abhängig (siehe Tab. 5.4). Für die Diffusionsbedingungen ist daher in Tab. 8.1 jeweils ein größerer Spielraum angegeben. Diffusionstemperatur und -zeit müssen so eingestellt werden, daß bei der Zn-Diffusion ein pn-Übergang in 0,6–0,8 μm Tiefe entsteht.

---

* Empfehlenswert ist hierfür die mechanisch-chemische Methode nach REISMAN und ROHR [8.3].

Nach Durchführung der Basisdiffusion (Abb. 8.2b) wird die maskierende Schicht entfernt, das Plättchen leicht geätzt und erneut mit phosphorhaltigem Siliziumdioxid bedeckt, wobei der unmittelbar an das Galliumarsenid anschließende Teil der Schicht phosphorfrei sein sollte. Die Fenster für die Diffusion der Emitterzonen und der Kollektorkontaktbereiche werden — wiederum mit Hilfe der Photoätztechnik — geöffnet und anschließend mit einer sehr dünnen (≈ 400 Å) SiO_2-Schicht bedeckt (Abb. 8.2c). Die Bedingungen für die Emitterdiffusion mit Zinn sind aus Tab. 8.1 zu entnehmen. Durch die dünne SiO_2-Schicht kann die Erosion der GaAs-Oberfläche verhindert werden, ohne die Diffusion des Zinns merklich zu beeinflussen. Während der Emitterdiffusion wandern auch die vorher eindiffundierten Zinkatome weiter in das Halbleiterinnere, d.h. der Abstand des pn-Überganges Basis-Kollektor von der Halbleiteroberfläche nimmt zu. Die Dauer der Emitterdiffusion wird so eingestellt, daß eine Basisdicke von ca. $0,4 \mu$m resultiert.

Tabelle 8.1. *Diffusionsbedingungen zur Herstellung von planaren npn-Transistoren mittels Doppeldiffusion aus der Gasphase (abgeschlossenes System, 20 cm³). Nach [8.1]*

	Quelle	Arsen [mg]	Temperatur [°C]	Zeit [min]	Tiefe des pn-Überganges [μm]
Basis	12 mg 0,1% Zn/Ga	2,5	850—900	45—120	0,6—0,8 (1,2—1,4 nach Emitterdiffusion)
Emitter	12 mg Sn	40	1000	30—120	0,8—1,0

Nach Fertigstellung der *npn*-Struktur (Abb. 8.2d) wird die maskierende Schicht wiederum entfernt und durch eine frische SiO_2-Schicht ersetzt (Abb. 8.2e). Die Kontaktierung der Basiszone (Abb. 8.2f) erfolgt — nach Öffnen entsprechender Kontaktlöcher in der SiO_2-Schicht — durch Aufdampfen und gleichzeitiges Einlegieren von Ag + 2% Mg (2000 Å, 620 °C) oder von Au + 2% Mg (2000 Å, 450 °C). In gleicher Weise wird die Kontaktierung der Emitterzone und der Kollektorkontaktbereiche durchgeführt (Ag + 1% Te bei 620 °C oder Au + 1% Te bei 450 °C). Während dieses Prozesses sollten die vorher gebildeten Basiskontakte durch eine Metallmaske geschützt werden (Abb. 8.2g). Eine zusätzliche Schicht von reinem Silber oder Gold (ca. 2000 Å) verbessert die Kontakteigenschaften. Die außerhalb der Kontaktflächen befindlichen Metallschichten werden unter Anwendung der Photoätztechnik entfernt [8.4].

Die nach vorstehend beschriebenem Verfahren hergestellten *npn*-Transistoren können auf Transistorhalter montiert und mittels üblicher

Methoden (Thermokompression oder Ultraschall) mit Zuleitungsdrähten versehen werden, sofern die Kontaktflächen ausreichend groß sind. Wenn dies nicht der Fall ist, müssen Kontaktausläufer mit größerer Fläche auf der SiO_2-Oberfläche (außerhalb der eigentlichen Transistorstruktur) hergestellt werden. Hierzu ist es notwendig, vor dem Aufdampfen des Kontaktmaterials ein entsprechendes Muster mit einer dünnen Chromschicht zu bilden, da Silber und Gold auf Siliziumdioxid

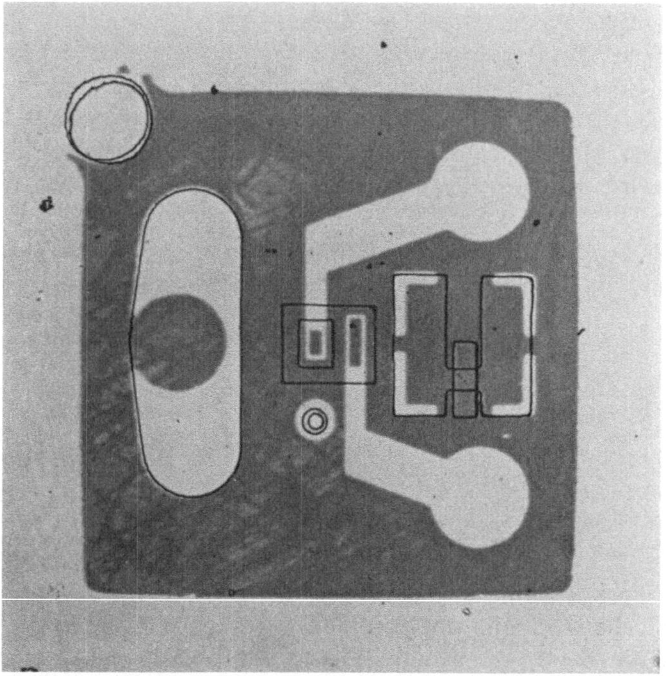

Abb. 8.3a. Chromschicht für Kontaktausläufer auf einem GaAs-Planartransistor

schlecht haften. Abb. 8.3a zeigt einen GaAs-Transistor mit dem aus Chrom bestehenden Muster für die Kontaktausläufer. Der fertig kontaktierte Transistor ist in Abb. 8.3b zu sehen; die legierten Kontakte erscheinen als helle Flächen*.

Als weiteres Beispiel für die Anwendung der Doppeldiffusion aus der Gasphase soll die Herstellung von Mesa-Transistoren mittels Diffusion von Magnesium und Schwefel beschrieben werden (Abb. 8.4).

---

* Die in Abb. 8.3 dargestellte Struktur enthält rechts neben dem Transistor noch ein Testmuster zur Kontrolle der Basisdiffusion.

Für die Basisdiffusion kann man eine Quelle hohen Störstellengehaltes (z. B. reines Magnesium oder Mg_3Sb_2) verwenden, wenn im Anschluß an die Diffusion die stark dotierten Oberflächenschichten abgetragen werden. In Tab. 8.2 sind Diffusionsbedingungen für Magnesium angegeben, die zunächst eine Diffusionstiefe von 6,5 μm liefern (Abb. 8.4a). Von der p-leitenden Schicht werden sodann 4,5 μm abgetragen, um eine genügend dünne, schwach dotierte Basiszone zu erhalten (Abb. 8.4b).

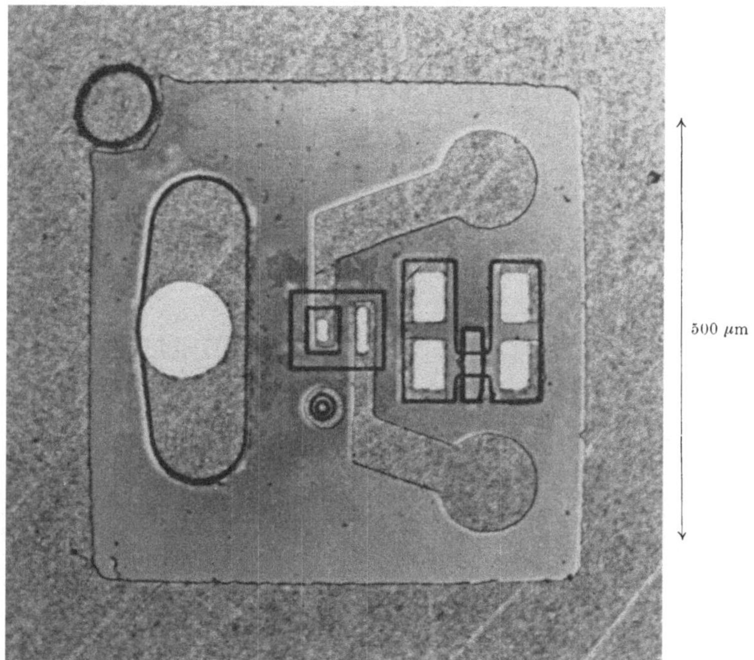

Abb. 8.3b. Mit ohmschen Kontakten versehener GaAs-Planartransistor [8.5]

Geeignete Bedingungen für die Emitterdiffusion mittels Schwefel sind ebenfalls in Tab. 8.2 zu finden. Hierbei wird die Maskierungstechnik angewendet (Abb. 8.4c, d).

Tabelle 8.2. *Diffusionsbedingungen zur Herstellung von npn-Transistoren mittels Diffusion von Magnesium und Schwefel. Nach [8.2]*

	Quelle	Temperatur [°C]	Zeit [min]	Tiefe des pn-Überganges [μm]
Basis	Mg_3Sb_2	1100	75	6,5 (nach Abätzen: 2,0)
Emitter	Ga_2S_3	925	30—60	1,5

Ein auf der Verwendung von Silberlegierungen basierendes Kontaktierungsverfahren ist in Abb. 8.4e–k erläutert. Zunächst wird die in Tab. 6.4 angegebene Ag/In/Ge-Legierung ganzflächig auf eine Photolackschicht aufgedampft, welche die für die Emitterkontakte vorgesehenen Flächen freiläßt (Abb. 8.4e). Beim Entfernen des Photolacks bleibt nur der mit der Emitterzone in Berührung stehende Teil der Metallschicht stehen (Abb. 8.4f). Die gesamte Struktur wird anschließend bedeckt mit einer SiO$_2$-Schicht, welche durch Zersetzung von Kieselsäuretetraäthylester im Sauerstoffstrom bei 450 °C hergestellt werden

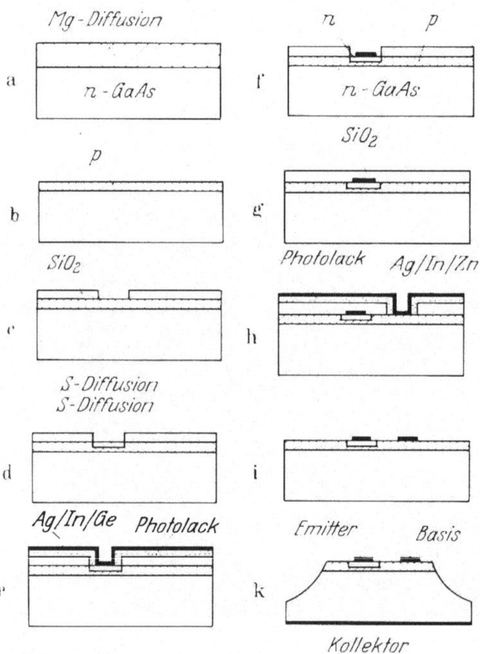

Abb. 8.4. Herstellung von *npn*-Mesatransistoren durch Doppeldiffusion aus der Gasphase, einschließlich Kontaktierung. (Nach [8.6])

kann (Abb. 8.4g). Zur Aufbringung der Metallbeläge für die Basiskontakte dienen ebenfalls die vorstehend geschilderten Verfahrensschritte, jedoch unter Verwendung von Ag/In/Zn (Abb. 8.4h, i). Nach dem Einlegieren der Kontakte bei 620 °C wird die Transistorstruktur durch Mesaätzung in die endgültige Form gebracht (Abb. 8.4k).

Die nach verschiedenen Verfahren der Doppeldiffusion aus der Gasphase hergestellten *npn*-Transistoren weisen elektrische Eigenschaften auf, die hinsichtlich des Gleichstromverhaltens (Durchbruchspannungen, Sättigungsströme etc.) und der quasistatischen Vierpolparameter (Eingangs- und Ausgangsimpedanz, Stromverstärkung) befriedigend und mit den Materialdaten und den geometrischen Abmessungen verträglich sind.

Bei Wechselstrommessungen werden u.a. folgende Effekte beobachtet:

1. Die mit ozillographischen Kennlinienschreibern bei 50 Hz aufgenommenen Kennlinien können — je nach Qualität des bei der Transistor-

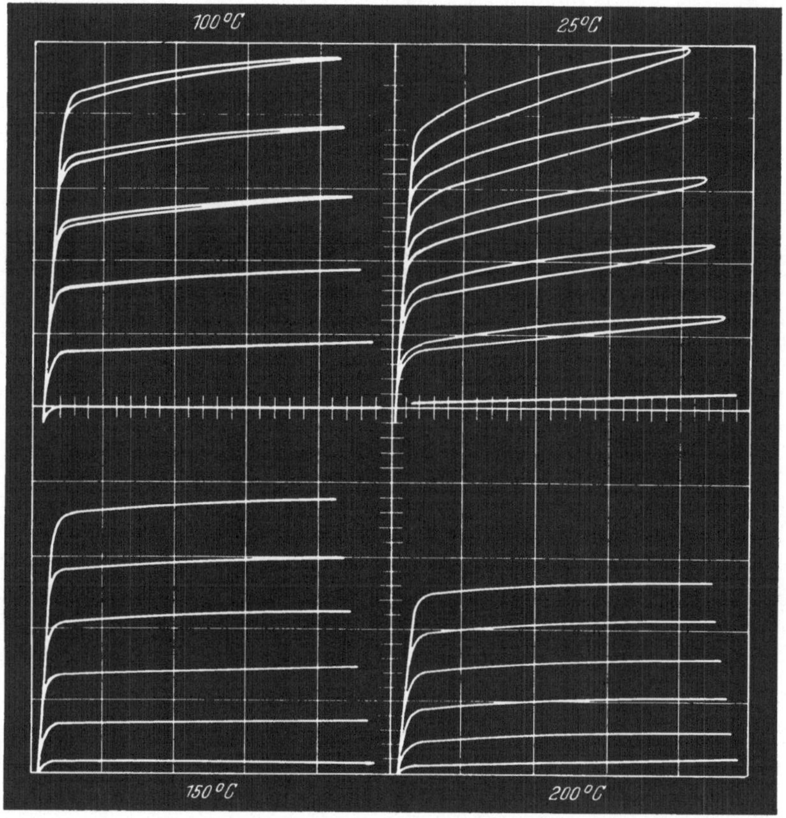

Abb. 8.5. Ausgangskennlinienfelder von npn-Transistoren bei verschiedenen Temperaturen. Horizontal 2 V/SkT, vertikal 1 mA/SkT, Basisstrom in Stufen von 0,1 mA [8.1]

herstellung verwendeten Materials — mehr oder weniger stark ausgeprägte Hystereseeffekte aufweisen (siehe beispielsweise Abb. 8.5).

2. Die Grenzfrequenz f_T der GaAs-Transistoren ist erheblich niedriger als nach der Ladungsträgerbeweglichkeit und der Basisdicke zu erwarten wäre. In vielen Fällen nimmt die Grenzfrequenz mit steigender Arbeitstemperatur stark zu. Ein besonders krasses Beispiel hierfür ist in Abb. 8.6 dargestellt.

3. Die Kollektorkapazität ist niedriger und weniger spannungsabhängig als nach dem Diffusionsprofil (Abb. 8.1) zu erwarten wäre.

4. Die Kollektordurchbruchspannung steigt merklich an, wenn die Kollektorspannung in Form kurzzeitiger Impulse angelegt wird [8.7].

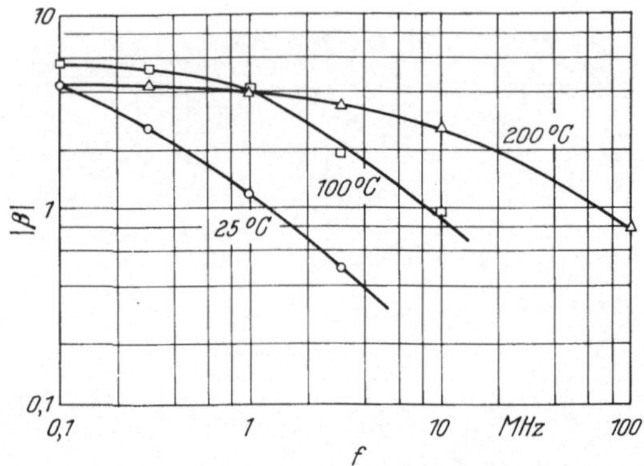

Abb. 8.6. Stromverstärkung eines *npn*-Transistors in Abhängigkeit von der Frequenz bei verschiedenen Temperaturen

Die vorstehend genannten Erscheinungen, insbesondere die Temperaturabhängigkeit der frequenzbegrenzenden Effekte, deuten auf das Vorhandensein tiefliegender Haftstellen in GaAs-Bauelementen hin. Es wird vermutet, daß Sauerstoff zu einem erheblichen Teil für die bisher unbefriedigenden Hochfrequenzeigenschaften der bipolaren GaAs-Transistoren verantwortlich ist. Der unerwünschte Einbau von Sauerstoff kann bei verschiedenen Prozeßschritten erfolgen:

1. Herstellung der Grundmaterials (ungenügende Reinigung der Ausgangssubstanzen, Verwendung von Quarz als Tiegelmaterial etc.).

2. Epitaxie (unzureichende Reinigung der Gase, Reduktion von Quarz).

3. Beschichtung mit Siliziumdioxid für Maskierzwecke.

4. Diffusion (Sauerstoff oder Wasserdampf aus dem Quellenmaterial oder von der Wandung der Quarzampulle).

Es ist bisher nicht gelungen, die für den Einbau von Sauerstoff kritischen Verfahrensschritte zu identifizieren. Teilerfolge wurden mit der Verwendung von Siliziumnitrid als Maskierungssubstanz anstelle von Siliziumdioxid erzielt. Es ist ferner möglich, den Einfluß der tiefliegenden Haftstellen durch Einbau von Eisen (tiefliegender Akzeptor) teilweise zu neutralisieren [8.2].

8.12 Diffusion aus fester Quelle und Gasphase

Die Notwendigkeit, bei npn-Transistoren eine Basisschicht mit sehr geringer Akzeptorenkonzentration ($\approx 10^{17}\,\mathrm{cm^{-3}}$) herzustellen, legt die Verwendung der in Kap. 5.23 beschriebenen Diffusionsverfahren mit fester Quelle nahe. Die Dotierung der Basiszone kann dabei sowohl über die Störstellenkonzentration in der Quellenschicht als auch über die Dicke der Quellenschicht beeinflußt werden. Die außerhalb der aktiven Transistorzone (npn-Schichtenfolge) liegenden p-Bereiche – insbesondere unter dem Basisanschluß – können eine stärkere Dotierung erhalten, wenn die Quellenschicht in diesen Bereichen dicker oder mit höherer Störstellenkonzentration versehen ist. Durch die stärker dotierten p-Bereiche wird der Basiswiderstand verringert und die Anbringung von ohmschen Basiskontakten erleichtert.

Das Prinzip der Herstellung von npn-Transistoren mittels Basisdiffusion aus einer Festkörperquelle ist in Abb. 8.7 erläutert. Aus einer ursprünglich das ganze Plättchen bedeckenden Zn-dotierten SiO_2-Schicht (Zn-Konzentration $\approx 10^{19}\,\mathrm{cm^{-3}}$) werden Inseln herausgeätzt, die *innerhalb* der für den aktiven Transistorbereich vorgesehenen Flächen ca. 1200 Å dick, *außerhalb* dieser Flächen ca. 3500 Å dick sind. Zum Schutz der restlichen GaAs-Oberfläche wird anschließend eine dünne SiO_2-Schicht aufgebracht (Abb. 8.7a).

Die Herstellung der Zn-dotierten Schicht kann nach einem der in Kap. 5.23 beschriebenen Verfahren (Pyrolyse, Kathodenzerstäubung) erfolgen. Da während der bei 700 °C durchgeführten Pyrolyse bereits Zinkdiffusion stattfindet (siehe Abb. 5.24), ist es notwendig, die pyrolytische Beschichtung mit einer dünnen undotierten Schicht beginnen zu lassen.

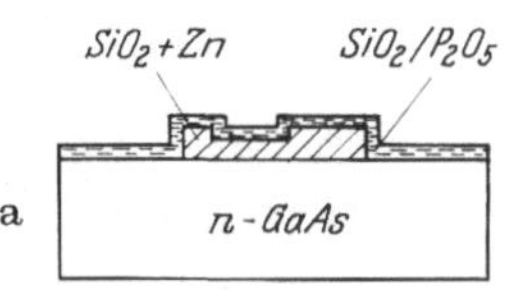

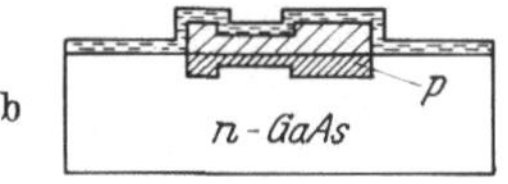

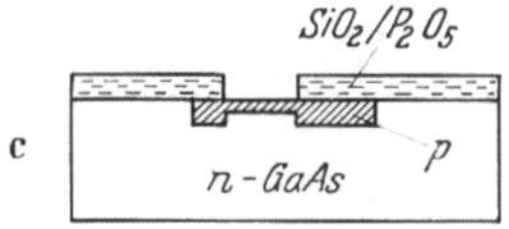

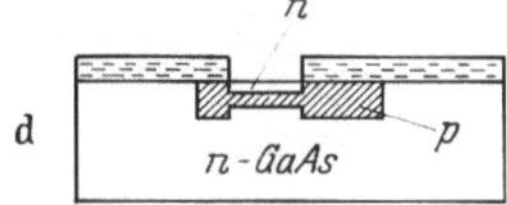

Abb. 8.7. Herstellung von npn-Transistoren durch Diffusion aus fester Quelle (Basiszone) und aus der Gasphase (Emitterzone)

Die zur Bildung der Basiszone und der angrenzenden p-Gebiete erforderliche Diffusion findet bei 850–900 °C (ca. 60–120 min) statt. Nach der Basisdiffusion wird die Zn-dotierte Schicht entfernt und durch eine phosphorhaltige SiO_2-Schicht ersetzt, die zur Maskierung bei der Emitterdiffusion dient (Abb. 8.7c). Die Emitterdiffusion wird mit Zinn unter den in Tab. 8.1 angegebenen Bedingungen so durchgeführt, daß eine Basiszone von ca. 0,4 μm Dicke entsteht (Abb. 8.7d).

Abb. 8.8a zeigt einen Schrägschliff durch das bei der Basisdiffusion entstandene p-Gebiet, Abb. 8.8b einen Schrägschliff durch den fertigen npn-Transistor.

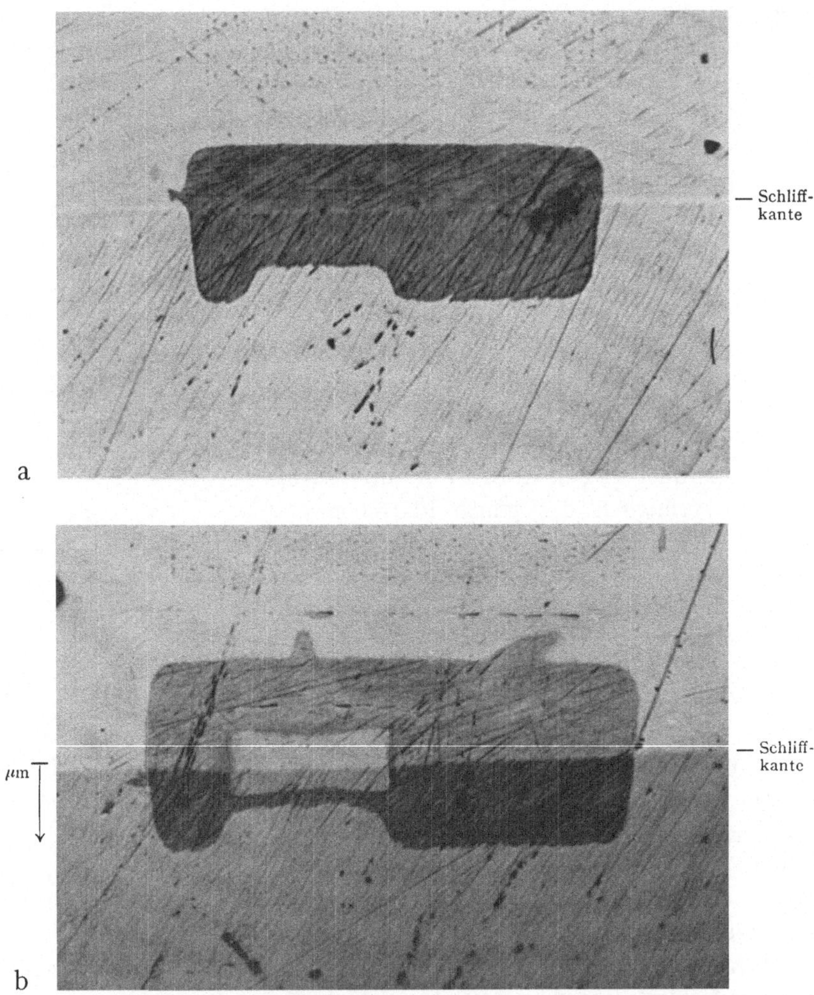

Abb. 8.8a. Schrägschliff nach der Basisdiffusion mittels SiO$_2$/Zn-Quelle (p-Gebiet dunkel)

Abb. 8.8b. Schrägschliff durch einen npn-Transistor (Basis aus SiO$_2$/Zn, Emitter aus der Gasphase) [8.8]

Basisschichten mit sehr geringer Akzeptorenkonzentration können auch mittels eines von BECKE et al. angegebenen Verfahrens hergestellt werden [8.9]. Man verwendet dabei eine zunächst undotierte SiO$_2$-

Schicht, die durch Diffusion aus der Gasphase zinkhaltig gemacht wird (Abb. 8.9a). Die nunmehr teilweise dotierte SiO_2-Schicht dient als Quellenschicht für die erste Basisdiffusion, welche eine sehr dünne p-Zone ($< 0,2\,\mu$m) liefert (Abb. 8.9b). In einem weiteren Diffusionsschritt mit frischer, undotierter SiO_2-Deckschicht wird die Dicke der p-Zone auf $0,8\,\mu$m gebracht (Abb. 8.9c, d). Diese Basiszone ist zur Herstellung von npn-Transistoren unter Anwendung des Sn-Diffusionsverfahrens (Tab. 8.1) geeignet.

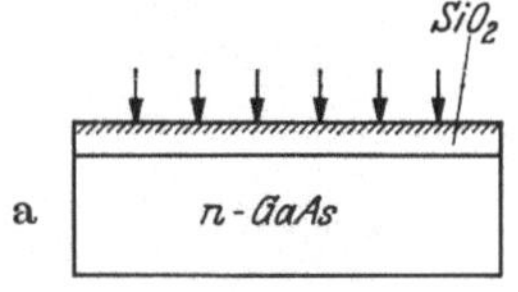

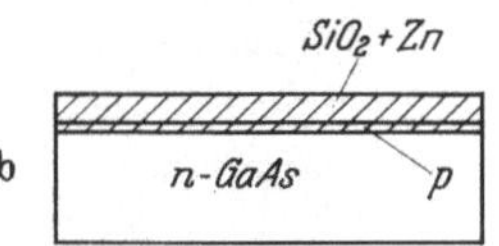

8.13 Doppeldiffusion aus fester Phase

Wie in Kap. 5.23.3 erwähnt, können npn-Schichtenfolgen in Galliumarsenid mit einem einzigen Diffusionsprozeß erzeugt werden, indem eine Quellenschicht verwendet wird, die in geeigneter Weise Akzeptoren *und* Donatoren enthält. Die zur Herstellung von npn-Transistoren notwendige Konfiguration der Quellenschichten ist in Abb. 8.10a schematisch dargestellt. Im Bereich der aktiven Zone des Transistors besteht die Quelle aus einer dünnen Zn-dotierten Schicht und einer dicken Sn-haltigen Schicht (evtl. mit undotierter Übergangszone.) Als Quelle für das den aktiven Bereich umgebende Gebiet und für den Bereich des Basisanschlusses dient eine dicke Zn-haltige Schicht. Die restliche GaAs-Oberfläche wird mit einer undotierten SiO_2-Schicht bedeckt. Im Verlauf des Diffusionsprozesses (1000 °C, 2—3 h) erschöpft sich die dünne Zn-dotierte Quellenschicht, so daß im Halbleiterinnern eine Basiszone mit niedriger Akzeptorenkonzentration entsteht, während an der Oberfläche (Emitterzone) die Zinndiffusion wirksam wird. Im Bereich des Basisanschlusses entsteht gleichzeitig ein stark p-dotiertes Gebiet (Abb. 8.10b).

Experimentelle Bedingungen für die Herstellung geeigneter Quellenschichten mittels einer Apparatur nach Abb. 5.18

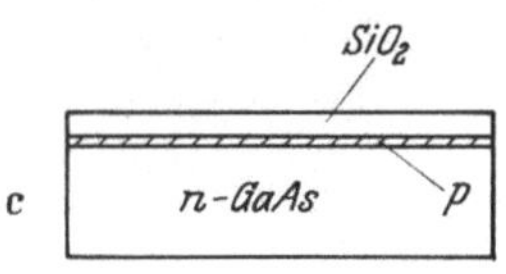

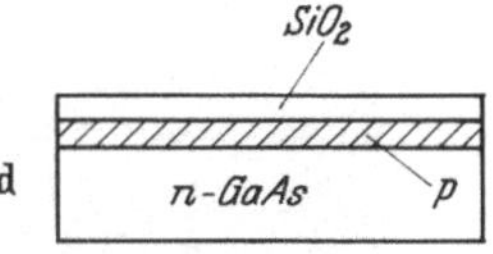

Abb. 8.9. Verfahren zur Herstellung sehr schwach p-dotierter Schichten. Nach BECKE et al. [8.9]

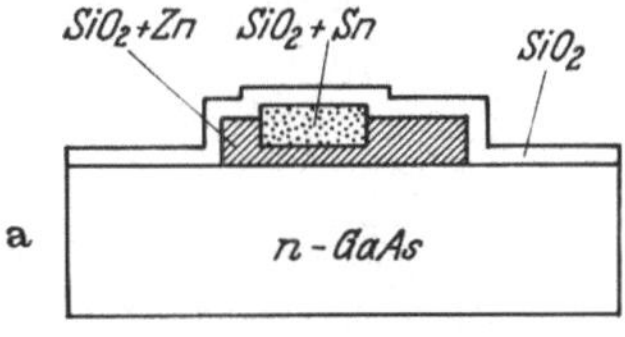

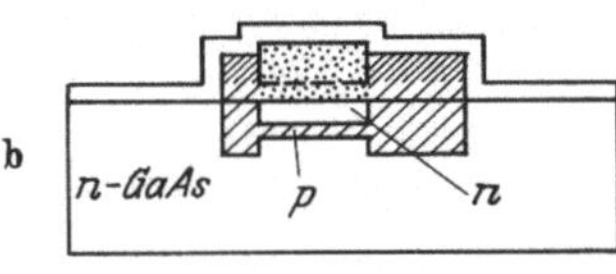

Abb. 8.10. Prinzip der Herstellung von npn-Transistoren durch gleichzeitige Diffusion von Akzeptoren und Donatoren aus fester Phase

a

b

Abb. 8.11a u. b. Schrägschliffe durch *npn*-Strukturen, die durch gleichzeitige Diffusion von Zink und Zinn aus dotierten SiO_2-Schichten hergestellt wurden [8.1], [8.8]

sind in Tab. 8.3 zusammengestellt. Abb. 8.11a, b zeigt Schrägschliffe durch zwei *npn*-Strukturen, die nach dem Doppeldiffusionsverfahren aus fester Quelle entstanden sind.

Tabelle 8.3. *Bedingungen für die pyrolytische Abscheidung von Quellenschichten zur Herstellung von npn-Transistoren mittels Doppeldiffusion aus fester Phase (Apparatur nach Abb. 5.18. Temperaturen: Ofen 700 °C, Sättigungsgefäße 19 °C)*

	Zeit [min]	Formiergas durch Sättigungsgefäße [l/h]			Reines Formiergas [l/h]
		$Si (C_2H_5O)_4$	$Si (C_2H_5O)_4$ $+0,1\%$ $Sn (C_2H_5)_4$	C_7H_{16} $+0,36\%$ $Zn (C_2H_5)_2$	
Bereich des Basiskontaktes	2	125	—	—	100
	10	125	—	50	—
Aktiver Bereich (*npn*)	5	125	—	50	50
	3	125	—	—	100
	12	—	125	—	100
Schutzschicht	4	125	—	—	100

8.14 Epitaxie-Diffusion

Im Hinblick auf die bei der Diffusionstechnik in Galliumarsenid auftretenden Schwierigkeiten (Oberflächenerosion, thermische Konversion) ist es wünschenswert, die Zahl kritischer und hohe Temperatur erfordernder Diffusionsprozesse möglichst klein zu halten. Dagegen dürfte ein umfangreicherer Einsatz epitaxialer Aufwachsverfahren auch in der Technologie der bipolaren Transistoren erfolgversprechend sein.

Eine Möglichkeit der Herstellung von *npn*-Transistoren unter Verwendung der maskierten Epitaxie ist in Abb. 8.12 angedeutet. Es werden zunächst *p*-Gebiete für die Basisanschlüsse durch Diffusion erzeugt (Abb. 8.12a). Sodann werden Vertiefungen in den für die Emitterzonen vorgesehenen Gebieten geätzt. Dabei dient Siliziumdioxid als Maske für die Ätzung und für die anschließende Auffüllung der Vertiefungen durch selektive Epitaxie (siehe Kap. 12). Bei der Auffüllung sollen neben langsam diffundierenden Donatoren (Selen oder Tellur) in hoher Konzentration auch rasch diffundierende Akzeptoren (Zink) in geringer Konzentration eingebaut werden (Abb. 8.12c).

Ein weiterer Diffusionsschritt bei relativ niedriger Temperatur (800–900 °C) liefert eine *npn*-Struktur gemäß Abb. 8.12d.

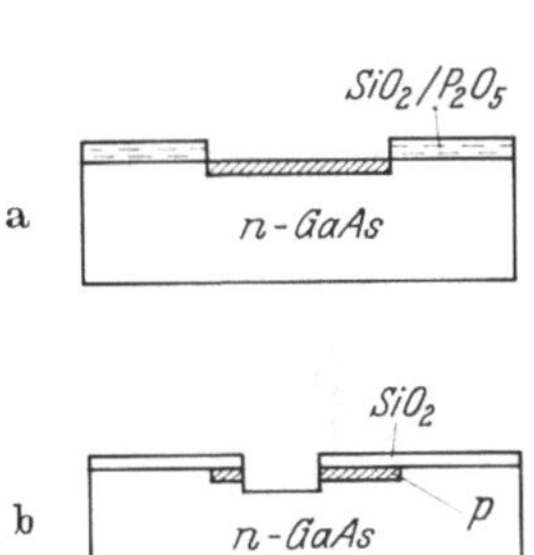

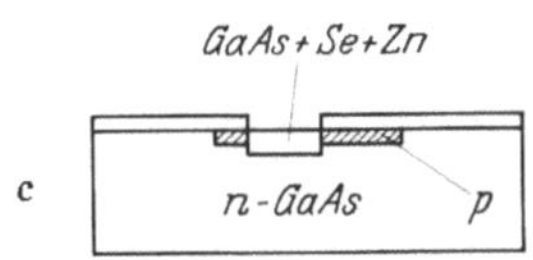

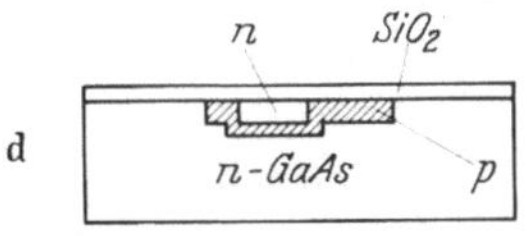

Abb. 8.12. Herstellung von *npn*-Transistoren durch Kombination von selektiver Epitaxie und Diffusion

8.2 *pnp*-Transistoren

Die Herstellung von *pnp*-Transistoren mit hinreichender Stromverstärkung ist aus folgenden Gründen schwieriger als diejenige von *npn*-Transistoren:

1. Das Verhältnis der Ladungsträgerbeweglichkeiten bei Galliumarsenid ($\mu_p : \mu_n \approx 1 : 20$) wirkt sich ungünstig auf die Emitterwirksamkeit von *pnp*-Transistoren aus. Dementsprechend muß bei *pnp*-Transistoren das Verhältnis Emitterdotierung : Basisdotierung extrem hoch gewählt werden. Die bei hoher Emitterdotierung eintretende Verringe-

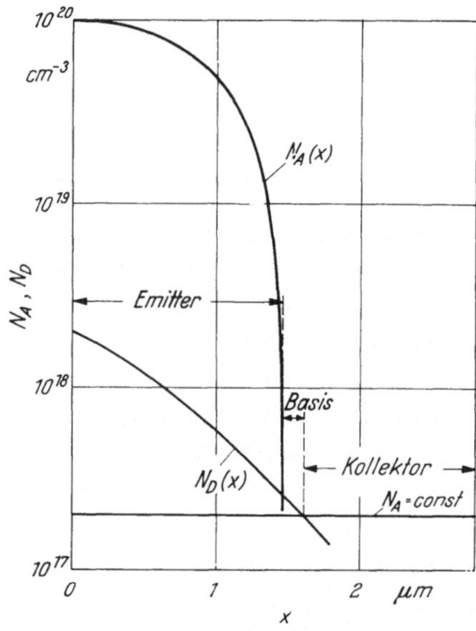

Abb. 8.13. Störstellenprofil der durch Doppeldiffusion hergestellten *pnp*-Transistoren (schematisch)

rung des effektiven Bandabstandes wirkt jedoch der Löcherinjektion entgegen.

2. Bei Annahme gleicher Lebensdauer für Elektronen und Löcher muß die Basisdicke bei *pnp*-Transistoren um den Faktor $\sqrt{\mu_p/\mu_n}$ kleiner als bei *npn*-Transistoren eingestellt werden, um den gleichen Transportfaktor zu erhalten. Diese Forderung führt bei *pnp*-Transistoren auf eine Basisdicke von $\approx 0{,}1\ \mu m$. Es sind somit sehr hohe Anforderungen an die Präzision in der Diffusionstechnik zu stellen.

Den vorstehend genannten Schwierigkeiten stehen folgende Vorteile der *pnp*-Struktur gegenüber:

1. Durch Zinkdiffusion ist es leicht möglich, eine Löcherkonzentration von 10^{20} cm^{-3} in der Emitterzone zu erzeugen. Das Zn-Diffusions-

profil weist im Bereich des pn-Überganges Emitter-Basis einen hohen Konzentrationsgradienten auf.

2. Während der bei niedriger Temperatur (650 °C) durchgeführten Emitterdiffusion tritt keine Veränderung an dem vorher erzeugten pn-Übergang Basis-Kollektor auf.

3. Bei den — im Vergleich zu npn-Transistoren — um rd. eine Größenordnung höher liegenden Störstellenkonzentrationen ist die Wirkung unbeabsichtigt eingeschleppter Verunreinigungen, insbesondere Kupfer, vermutlich zu vernachlässigen.

Das Störstellenprofil der durch Doppeldiffusion hergestellten pnp-Transistoren ist in Abb. 8.13 schematisch dargestellt.

8.21 Doppeldiffusion aus der Gasphase

Das Grundmaterial zur Herstellung von pnp-Transistoren kann mit Zink oder Cadmium dotiert sein ($N_A \approx 2 \times 10^{17}$ cm^{-3}). Die Prozeßschritte der Doppeldiffusion aus der Gasphase sind weitgehend denjenigen der npn-Planartechnik (Abb. 8.2) analog. Die Basisdiffusion bei pnp-Transistoren wird wie die Emitterdiffusion bei npn-Transistoren durchgeführt (d.h. Sn-Quelle, Maskierung durch phosphorhaltiges Siliziumdioxid, dünne SiO$_2$-Schicht als Oberflächenschutz, Abb. 8.2c), jedoch mit etwas längerer Diffusionszeit. Auch Schwefel (z.B. Quelle von Ga$_2$S$_3$) kann für die Basisdiffusion verwendet werden.

Für die Emitterdiffusion ist eine Quelle von Zinkarsenid (ZnAs$_2$) besonders geeignet. Die Diffusionszeit muß sehr genau auf die Tiefe des pn-Überganges Basis-Kollektor abgestimmt werden, so daß sich eine Basisdicke von 0,1–0,2 μm ergibt. Die Bereiche günstiger Diffusionsbedingungen bei Sn- und ZnAs$_2$-Quellen sind aus Tab. 8.4 zu entnehmen.

Die fertig diffundierten pnp-Strukturen werden mit Siliziumdioxid bedeckt* und nach Öffnen entsprechender Kontaktlöcher mit Legierungskontakten versehen. Wegen der verhältnismäßig hohen Störstellenkonzentration im doppelt diffundierten pnp-Transistor genügen dabei im allgemeinen Gold oder Silber ohne dotierende Zusätze.

Durch Doppeldiffusion können beim gegenwärtigen Stand der Technik pnp-Transistoren mit einer Stromverstärkung bis ca. 30 hergestellt werden. Die außerordentlich geringe Basisdicke führt jedoch zu einer verhältnismäßig hohen Kollektor-Emitter-Rückwirkung (EARLY-

---

* Hierbei ist ein Tieftemperaturverfahren anzuwenden (Aufdampfung, Kathodenzerstäubung), um eine nachträgliche Veränderung des Zn-Diffusionsprofils zu vermeiden.

Effekt). Außerdem treten häufig Leckströme auf, die vermutlich durch örtliche Kollektor-Emitter-Kurzschlüsse verursacht sind.

Tabelle 8.4. *Diffusionsbedingungen für die Herstellung von pnp-Transistoren durch Doppeldiffusion aus der Gasphase (Ampulle 20 cm³ [8.10])*

	Quelle	Arsen [mg]	Temperatur [°C]	Zeit [min]	Tiefe des pn-Überganges [μm]
Basis	12 mg Sn	40	1000	70—120	1,4—1,8
Emitter	12 mg ZnAs$_2$	—	650	30—75	1,2—1,7

8.22 Diffusion aus fester Quelle und Gasphase

Bei pnp-Transistoren ist es besonders wichtig, die Basisdiffusion so durchzuführen, daß die Donatorenkonzentration der Basiszone nur geringfügig über der Akzeptorenkonzentration des Grundmaterials liegt. Diese Forderung kann mit einer Festkörperquelle geringer Dicke erfüllt werden, wobei gleichzeitig für den Basisanschluß ein Bereich höherer Dotierung erzeugt werden kann, um die Anbringung des Basiskontaktes zu erleichtern. Das Verfahren ist in Abb. 8.14 erläutert.

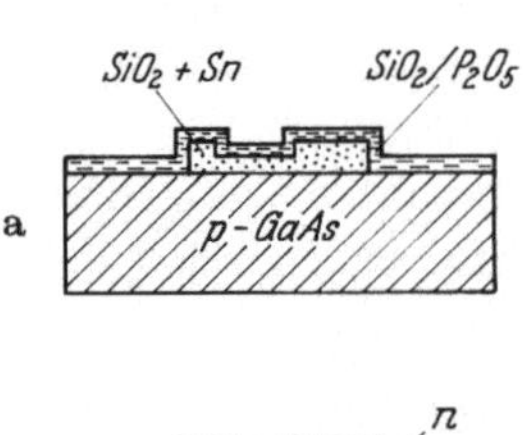

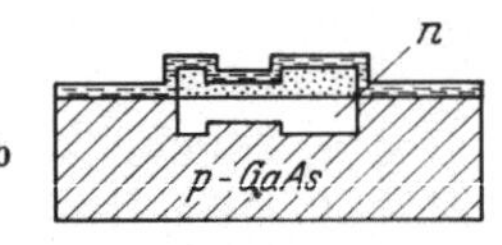

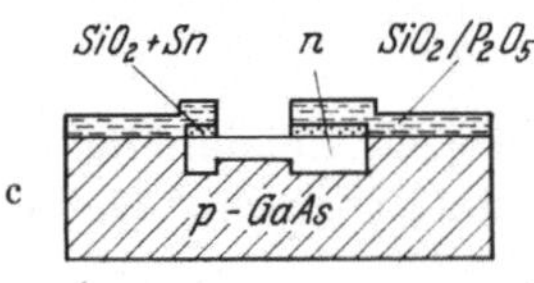

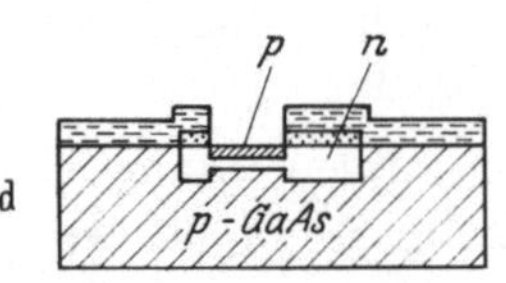

Abb. 8.14. Herstellung von pnp-Transistoren durch Diffusion aus fester Quelle (Basiszone) und aus der Gasphase (Emitterzone)

Aus einer zunächst das ganze p-GaAs bedeckenden Sn-haltigen SiO$_2$-Schicht, die beispielsweise in einer Apparatur nach Abb. 5.18 unter Verwendung von Kieselsäuretetraäthylester mit Zusatz von 0,2–0,5 % Tetraäthylzinn hergestellt wurde, ätzt man Inseln unterschiedlicher Dicke gemäß Abb. 8.14a heraus. Dabei soll das für den aktiven Bereich vorgesehene Gebiet etwa $^1/_4$ bis $^1/_3$ der Dicke der restlichen Insel aufweisen. Das gesamte Plättchen wird anschließend mit einer Schutzschicht bedeckt. Die Diffusion bei 1000 °C, 2–4 h, liefert eine n-Zone mit abgestufter Dicke (Abb. 8.14b).

Für die Emitterdiffusion und die Kontaktierung werden die in Kap. 8.21 beschriebenen Verfahren angewandt. Abb. 8.15a zeigt einen Schrägschliff mit der durch Diffusion aus Sn-dotiertem Siliziumdioxid hergestellten n-leitenden Zone. Die fertige pnp-Struktur ist in Abb. 8.15b dargestellt.

a

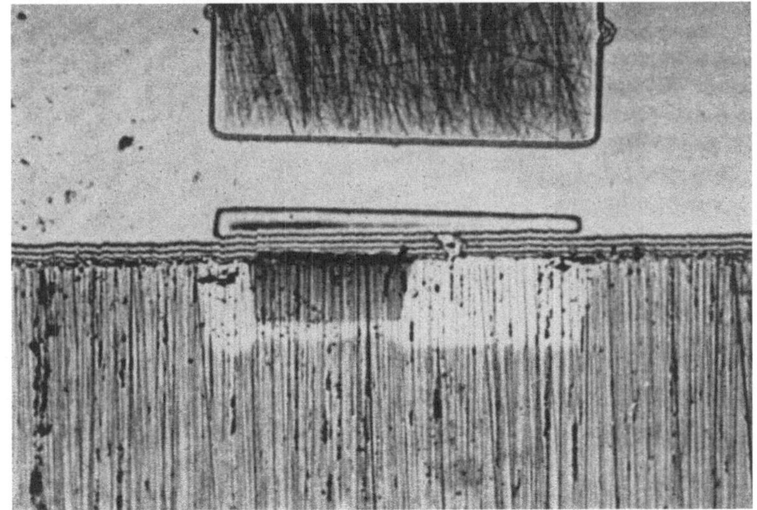

b

Abb. 8.15 a. Schrägschliff nach der Basisdiffusion mittels SiO$_2$/Sn-Quelle (n-Gebiet hell)
Abb. 8.15 b. Schrägschliff durch einen pnp-Transistor (Basis aus SiO$_2$/Sn, Emitter aus der Gasphase)

8.23 Epitaxie-Diffusion

Als weiteres Verfahren zur Herstellung von pnp-Transistoren bietet sich die in Abb. 8.16 dargestellte Kombination von epitaxialem Wachstum und Diffusion aus der Gasphase an. Hierbei wird zunächst die ca.

1,5 μm dicke Basisschicht ganzflächig epitaxial auf das p-leitende Grundmaterial aufgebracht. Die Störstellenkonzentration dieser Schicht kann — im Gegensatz zur Diffusionstechnik — unterhalb derjenigen des Grundmaterials gewählt werden. Die laterale Begrenzung des Überganges Basis-Kollektor erfolgt mittels einer geeignet maskierten Zink-diffusion (Abb. 8.16a, b) unter Anwendung der in Kap. 8.21 für die Emitterdiffusion beschriebenen Technik, jedoch mit längerer Diffusionszeit. Ein weiterer, in seiner Zeitdauer genau auf die Basisdicke abgestimmter Zn-Diffusionsprozeß liefert die fertige pnp-Struktur (Abb. 8.16c, d).

Die Vorteile des vorstehend beschriebenen Verfahrens liegen in der Möglichkeit, Basisschichten sehr geringer Akzeptorenkonzentration herzustellen, sowie in der ausschließlichen Verwendung von Prozessen mit relativ niedriger Temperatur (Epitaxie bei 750 °C, Diffusion bei 650 °C). Bei den aufeinanderfolgenden Zn-Diffusionsprozessen ist jedoch zu berücksichtigen daß u. U. eine erhöhte Diffusion entlang der GaAs-Oberfläche stattfindet (siehe Kap. 5.31). Der Abstand zwischen den der Zn-Diffusion unterworfenen Gebieten muß daher entsprechend groß gewählt werden.

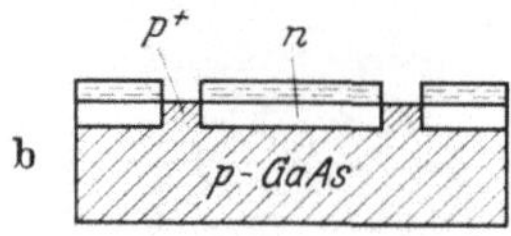
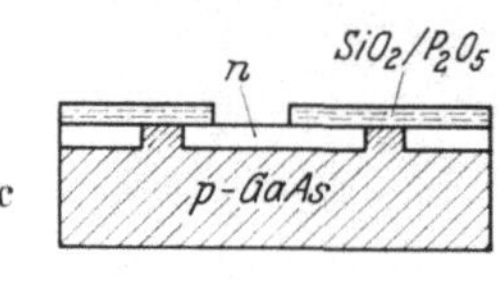
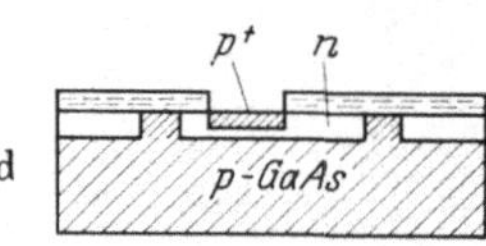

Abb. 8.16. Herstellung von pnp-Transistoren durch Kombination von Epitaxie und Diffusion

8.3 Vierschichtentransistoren

Die Realisierung von GaAs-Vierschichtentransistoren gelingt, wenn man die in Kap. 8.1 und 8.2 beschriebenen Verfahren zur Herstellung von npn- und pnp-Transistoren in geeigneter Weise kombiniert. Die Struktur und das Störstellenprofil eines Vierschichtentransistors sind in Abb. 8.17 schematisch wiedergegeben. Der aus dem Grundmaterial (1) und den Schichten (2), (3) bestehende npn-Transistor und der aus der Schichtenfolge (4), (3), (2) gebildete pnp-Transistor müssen so beschaffen sein, daß die Bedingung

$$\alpha_{123} + \alpha_{432} = 1$$

erfüllt wird. Die Indizes entsprechen dabei den in Abb. 8.17 bezeichneten Schichten (Reihenfolge Emitter-Basis-Kollektor). Bei der npn-Struktur wirkt sich das hohe Beweglichkeitsverhältnis ($\mu_n : \mu_p \approx 20$) des Galliumarsenids günstig aus, d. h. trotz schwacher Dotierung kann das Grundmaterial (1) Elektronen in die höher dotierte p-Schicht (2) injizieren, so daß die Stromverstärkung α_{123} größer als 0,5 wird, wenn die Dicke der Schicht (2) hinreichend klein ist. Die Anforderungen an die Stromverstärkung der pnp-Struktur sind somit verhältnismäßig gering.

Zur Realisierung der Schichtenfolge (3), (2), (1) kann man beispielsweise das in Kap. 8.11 für npn-Transistoren beschriebene Doppeldiffu-

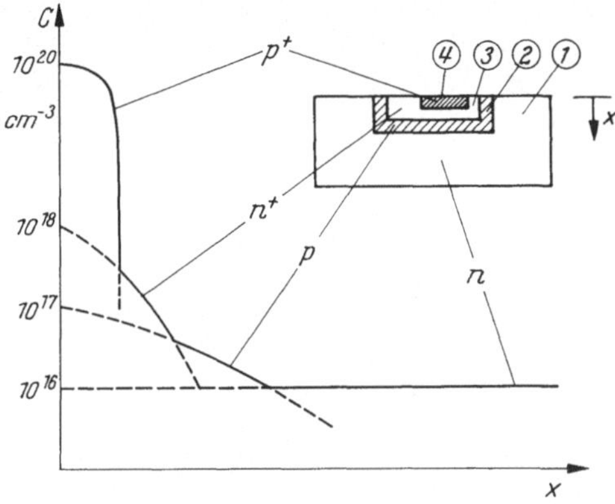

Abb. 8.17. Struktur und Störstellenprofil eines Vierschichtentransistors (schematisch)

sionsverfahren aus der Gasphase heranziehen. Die Diffusionszeiten müssen jedoch länger gewählt werden (siehe Tab. 8.5). Eine Diffusion mit $ZnAs_2$-Quelle vervollständigt die Vierschichtenstruktur.

Tabelle 8.5. *Diffusionsbedingungen für die Herstellung von Vierschichtentransistoren durch Diffusion aus der Gasphase (Ampulle 20 cm³ [8.11])*

	Quelle	Arsen [mg]	Temperatur [°C]	Zeit [min]
p -Schicht (2)	12 mg Ga + 0,1% Zn	4	900	180
n^+-Schicht (3)	12 mg Sn	40	1000	135
p^+-Schicht (4)	12 mg $ZnAs_2$	—	650	10

Ein durch drei aufeinanderfolgende Diffusionen aus der Gasphase hergestellter Vierschichtentransistor ist im Schrägschliff in Abb. 8.18 zu sehen.

Eine weitere Methode zur Herstellung von Vierschichtentransistoren macht von dem in Kap. 8.13 beschriebenen Verfahren der gleichzeitigen Zink- und Zinndiffusion aus geeignet dotierten SiO_2-Schichten Gebrauch. Die nach diesem Verfahren erzeugte npn-Schichtenfolge wird durch Zinkdiffusion aus der Gasphase ($ZnAs_2$-Quelle) zu einem Vierschichtenbauelement ergänzt. Die seitliche Begrenzung des Bauelements erfolgt in diesem Falle am besten durch Ätzung einer Mesastruktur.

Abb. 8.18. Schrägschliff durch einen Vierschichtentransistor, hergestellt durch drei aufeinanderfolgende Diffusionen aus der Gasphase (p-Zonen dunkel [8.11])

Literatur Kapitel 8

[8.1]   v. Münch, W.: IBM J. Res. Dev. **10**, 438 (1966).
[8.2]   Strack, H.: Gallium Arsenide: 1966 Symposium Proceedings, Institute of Physics and Physical Society, 206.
[8.3]   Reisman, A., and R. Rohr: J. Electrochem. Soc. **111**, 1425 (1964).
[8.4]   Wüstenhagen, J.: Z. Naturforschg. **19a** 516 (1964).
[8.5]   v. Münch, W.: Z. angew. Phys. **18**, 129 (1964).
[8.6]   Cox, R. H., and H. Strack: Solid-State Electronics **10**, 1213 (1967).
[8.7]   Antell, G. R., and A. P. White: Gallium Arsenide: 1966 Symposium Proceedings, Institute of Physics and Physical Society, 201.
[8.8]   v. Münch, W., und H. Statz: Solid-State Electron. **9**, 939 (1966).
[8.9]   Becke, H., D. Flatley and D. Stolnitz: Solid-State Electron. **8**, 255 (1965).
[8.10] Statz, H.: Solid-State Electron. **8**, 827 (1965).
[8.11] v. Münch, W.: Solid-State Electron. **9**, 667 (1966).

9. Feldeffekttransistoren

Der Stromtransport in Feldeffekttransistoren wird durch Majoritätsladungsträger bewirkt, d.h. die vorwiegend mit Minoritätsladungsträgern verknüpften Effekte (Rekombination, Einfang an Haftstellen) spielen eine untergeordnete Rolle. Die Herstellung von GaAs-Feldeffekttransistoren ist daher erheblich einfacher als diejenige von bipolaren GaAs-Transistoren.

Für die obere Grenzfrequenz (bzw. für das Verstärkungs-Bandbreite-Produkt) von Feldeffekttransistoren ist neben der Geometrie nur die Beweglichkeit der Majoritätsladungsträger maßgebend. Der sich für n-leitendes Galliumarsenid gegenüber Germanium und Silizium ergebende Vorteil ist – bei großen Lateralabmessungen – ausgeprägter als bei bipolaren Transistoren. Bei sehr kleinen Abmessungen (Länge der Steuerelektrode $\approx 2\,\mu$m) richtet sich das Frequenzverhalten nach der Sättigungsdriftgeschwindigkeit; diese ist bei Galliumarsenid etwa um den Faktor zwei höher als bei Silizium. Hochfrequenztechnisch günstig ist ferner die Verwendung von hochohmigem Galliumarsenid als Substratmaterial für den n-leitenden Kanal.

Nach der Ausführung der Steuerelektrode sind drei Typen von Feldeffekttransistoren zu unterscheiden:

1. Sperrschicht-Feldeffekttransistoren (SHOCKLEY-Typ),

2. Feldeffekttransistoren mit isolierter Steuerelektrode (MOS- bzw. MIS-Typ),

3. Feldeffekttransistoren mit SCHOTTKY-(Metall-Halbleiter-)Kontakt als Steuerelektrode.

Hinsichtlich der geometrischen Anordnung der Elektroden sind die beiden in Abb. 9.1 dargestellten Versionen möglich. Bei der linearen Anordnung gemäß Abb. 9.1a ist eine seitliche Begrenzung des n-leitenden Kanals erforderlich, um Strompfade zwischen Kathode und Anode,

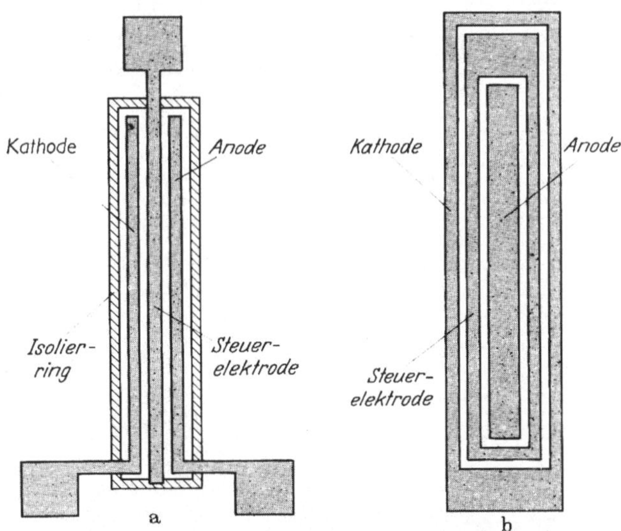

Abb. 9.1. Anordnung der Elektroden bei Feldeffekttransistoren, a) lineare Anordnung, b) ringförmige Anordnung

die nicht von der Steuerelektrode erfaßt werden, auszuschließen. Die seitliche Begrenzung kann durch die Methoden der Mesatechnik oder mittels einer Isolierdiffusion (Planartechnik) erfolgen. Bei hohen Anforderungen an die Hf-Eigenschaften des Feldeffekttransistors ist es zweckmäßig, die n-leitende Zone nach dem in Kap. 12 beschriebenen Verfahren bereits bei der Epitaxie auf die notwendige Fläche zu beschränken (selektive Epitaxie, Abb. 12.1a–c).

Bei Feldeffekttransistoren mit einer die Anode vollständig umschließenden Steuerelektrode gemäß Abb. 9.1b ist keine seitliche Begrenzung der n-leitenden Schicht erforderlich. Die Zuleitungen zur Anode und zur Steuerelektrode können jedoch nicht mittels einer zweidimensionalen (kreuzungsfreien) Anordnung der Metallisierung hergestellt werden.

Für die in den folgenden Kapiteln zu beschreibenden Herstellungsprozesse wird eine Geometrie gemäß Abb. 9.1a zugrunde gelegt. Die Begrenzung des Kanals soll in diesen Beispielen nach dem Prinzip der Isolierdiffusion erfolgen.

9.1 Sperrschicht-Feldeffekttransistoren

Das Verfahren zur Herstellung von Sperrschicht-Feldeffekttransistoren entspricht — von der Wahl der Geometrie abgesehen — weitgehend der in Kap. 8.23 unter der Bezeichnung „Epitaxie-Diffusion" beschriebenen Methode zur Herstellung von pnp-Transistoren (vgl. Abb. 8.16). Anstelle des für pnp-Transistoren erforderlichen p-leitenden Substrats wird jedoch bei Feldeffekttransistoren ein hochohmiges Substrat bevorzugt (Abb. 9.2a).

Für die Isolierdiffusion (Abb. 9.2b) und zur Herstellung des zur Steuerung der effektiven Kanaldicke dienenden pn-Überganges (Abb. 9.2c) wird die in Kap. 5.12.2 behandelte Zinkdiffusion unter Verwendung einer $ZnAs_2$-Quelle herangezogen. Die Einstellung der Diffusionstiefe ist hierbei weniger kritisch als bei pnp-Transistoren. Die Dimensionierung ergibt

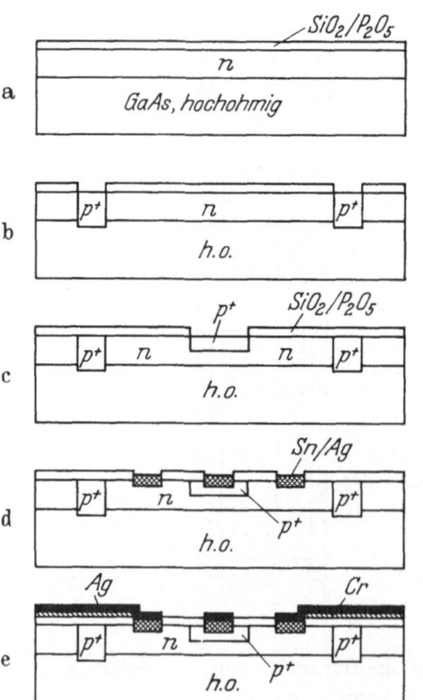

Abb. 9.2. Herstellung von Sperrschicht-Feldeffekttransistoren

sich im wesentlichen aus den folgenden Beziehungen für die Sättigungsspannung*

$$U_{A0} = \frac{q\,N_D\,a^2}{2\,\varepsilon_r\,\varepsilon_0} \tag{9.1}$$

(N_D = Donatorenkonzentration im Kanal, a = Abstand des zur Steuerung dienenden pn-Überganges vom Substrat) und für die Maximalsteilheit**

$$g_{m0} = \frac{a\,b\,\sigma}{l} \tag{9.2}$$

(b = Ausdehnung der Steuerelektrode quer zum Stromfluß, l = Länge
des steuernden p-Gebietes in Stromrichtung, $\sigma = q\,\mu_n\,N_D$ = spez. Leitfähigkeit im Kanal). Als Nebenbedingung muß gefordert werden, daß
die Sättigungsspannung U_{A0} merklich unterhalb der Durchbruchspannung U_B des steuernden pn-Überganges bleibt. In dem für die Praxis
wichtigen Dotierungsbereich ist für unsymmetrisch-abrupte pn-Über-
gänge näherungsweise die empirische Beziehung

$$U_{A0} < U_B \approx 70\,(N_D/10^{16})^{-0,6} \tag{9.3}$$

(U_B in V, N_D in cm^{-3}) anzusetzen [9.2]. Es kann beispielsweise von
einer 6 μm dicken Epitaxieschicht mit $N_D \approx 10^{15}$ cm^{-3} ausgegangen
werden; bei einer Zn-Diffusionstiefe von 3,5 μm verbleibt ein Kanal von
2,5 μm Dicke. Die Sättigungsspannung ist dann rd. 6 V, die Durchbruchspannung > 200 V [9.3]. Für niedrigere Sättigungsspannungen bei
gleicher Steilheit muß die Kanaldicke herabgesetzt und die Dotierung
— soweit mit (9.3) verträglich — entsprechend erhöht werden.

Die ohmschen Kontakte können einheitlich mit einem der in Kap.
6.2 für n-Material angegebenen Verfahren (z. B. mit Sn/Ag, Ag/Te, Au/Te)
hergestellt werden, da die p-Zone so hoch dotiert ist, daß auch beim
Einbau kompensierender Störstellen ein hinreichend sperrfreier Kontakt
entsteht (Abb. 9.2d). Für sehr kleine Strukturen sind zusätzlich Kontaktausläufer mit einer für die Anbringung der Zuleitungsdrähte ausreichenden Fläche erforderlich (vgl. Abb. 9.1a). Eine dünne Chrom-
zwischenschicht sorgt für die Haftung der Edelmetallschicht auf dem
Siliziumdioxid (Abb. 9.2e).

Bei Verwendung eines schwach p-leitenden Substrates kann der
n-leitende Kanal auch durch Donatorendiffusion hergestellt werden
[9.4]. Es ist ferner möglich, die Raumladungsrandschicht des zwischen

---

* U_{A0} enthält die angelegte Spannung und die Diffusionsspannung des pn-
Überganges.

** Nach der SHOCKLEYSCHEN Näherung mit $a \ll l$ und feldunabhängiger Beweglichkeit [9.1]. Der Einfluß der Gebiete außerhalb der Steuerelektrode ist vernachlässigt.

n-leitendem Kanal und p-leitendem Substrat gebildeten pn-Überganges zur Steuerung der effektiven Kanaldicke heranzuziehen. Wegen der hohen Kapazitäten zwischen Steuerelektrode (Substrat) und Kathode bzw. Anode sind derartige Bauelemente jedoch hochfrequenztechnisch ungünstig.

9.2 Feldeffekttransistoren mit isolierter Steuerelektrode

Die Wirkungsweise von MOS- („metal-oxide-semiconductor-") bzw. MIS- („metal-insulator-semiconductor-") Feldeffekttransistoren beruht darauf, daß durch Anlegen einer Spannung an die isoliert über dem Halbleiter befindliche Steuerelektrode die Ladungsträgerkonzentration — und damit die Leitfähigkeit — in einem dünnen Kanal unter der Halbleiteroberfläche verändert wird. Im Idealfall wird für jede der Steuerelektrode zugeführte Elementarladung die Zahl der Ladungsträger im Halbleiterkanal um eine Einheit vermehrt oder vermindert. Die Maximalsteilheit des Bauelementes ist in diesem Fall

$$g_{m0} = \mu_n \, U_{A0} \, \frac{b}{l} \, C_i , \qquad (9.4)$$

wobei C_i die durch Dicke und DK des Isolators gegebene Kapazität pro Flächeneinheit bedeutet. Die übrigen Bezeichnungen entsprechen denen in Gl. (9.1) und (9.2). In der Praxis ist jedoch damit zu rechnen, daß ein Teil der zugeführten Ladungen zur Umladung von Grenzflächenzuständen verbraucht wird und somit nicht zur Änderung der Leitfähigkeit im Kanal beiträgt. Gl. (9.4) ist dann zu ersetzen durch

$$g_{m0} = \mu_n \, U_{A0} \, \frac{b}{l} \, C_{\text{eff}} \qquad (9.5\,\text{a})$$

mit

$$C_{\text{eff}} = C_i \, \frac{\mathrm{d}Q_n}{\mathrm{d}U_G} \left(\frac{\mathrm{d}Q_n}{\mathrm{d}U_G} + \frac{\mathrm{d}Q_S}{\mathrm{d}U_G} \right)^{-1} , \qquad (9.5\,\text{b})$$

wobei Q_n die integrale Ladung der im Kanal befindlichen *beweglichen* Ladungsträger, Q_S die in Grenzflächenzuständen befindliche Ladung (jeweils pro Flächeneinheit) und U_G die Steuerspannung bedeuten. Soll beispielsweise in einem Kanal von 10^{-4} cm Dicke die Ladungsträgerkonzentration um 10^{16} cm^{-3} geändert werden, so machen sich umladungsfähige Grenzflächenzustände mit einer Flächendichte von 10^{12} cm^{-2} bereits störend bemerkbar. C_{eff} ist wegen der mit der Umladung von Grenzflächenzuständen verbundenen Zeitkonstanten von der Signalfrequenz abhängig.

Bei Silizium gelingt es unter sorgfältiger Durchführung des thermischen Oxidationsprozesses, die Dichte der Zustände an der SiO_2/Si-

Grenzfläche auf etwa $10^{11}\,\mathrm{cm^{-2}}$ zu beschränken. An der Grenzfläche zwischen Galliumarsenid und pyrolytisch aufgebrachtem Siliziumdioxid entsteht dagegen eine hohe Dichte von langsamen Zuständen ($\approx 10^{13}\,\mathrm{cm^{-2}}$), die das Nf-Verhalten von GaAs-Feldeffekttransistoren sehr ungünstig beeinflussen. Bei höheren Frequenzen sind noch rd. 10^{12} Grenzflächenzustände/cm² wirksam. Die mit Siliziumdioxid als Dielektrikum hergestellten GaAs-Feldeffekttransistoren sind daher — trotz hoher Ladungsträgerbeweglichkeit — nur in einem begrenzten Frequenzbereich brauchbar bzw. entsprechenden Si-Bauelementen überlegen [9.5]. Die langsamen Grenzflächenzustände lassen sich durch Verwendung von Siliziumnitrid als Dielektrikum vermeiden. Die maximale Leistungsverstärkung von GaAs-Feldeffekttransistoren mit isolierter Steuerelektrode wird bei etwa 100° C erreicht. Die obere Grenze der Arbeitstemperatur liegt bei 350° C [9.6].

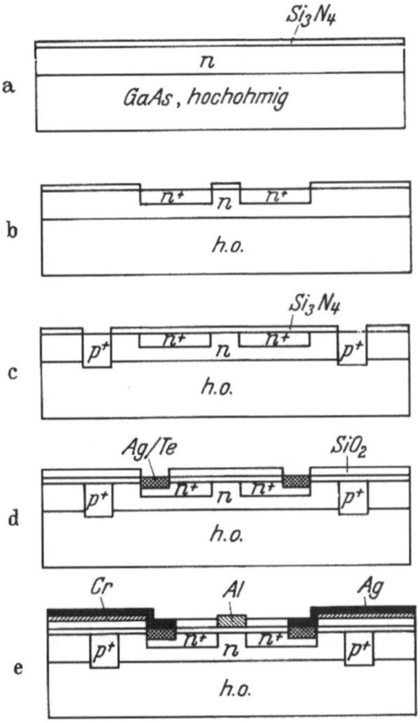

Ein Verfahren zur Herstellung von Feldeffekttransistoren mit isolierter Steuerelektrode ist in Abb. 9.3 erläutert. Hierbei wird zunächst von der ausgezeichneten Maskierwirkung des Siliziumnitrids Gebrauch gemacht, d.h. bei der Donatordiffusion für die Kathoden- und Anodenbereiche (Abb. 9.3b), sowie bei der Isolierdiffusion (Abb. 9.3c). Die Anbringung der ohmschen Kontakte erfolgt wiederum nach einem der früher beschriebenen Verfahren, z.B. mit Ag/Te (Abb. 9.3d), während für die Steuerelektrode ein auf Siliziumnitrid gut haftendes Metall (z.B. Aluminium) erforderlich ist. Die Struktur wird — falls nötig — durch Kontaktausläufer vervollständigt (Abb. 9.3e).

Abb. 9.3. Herstellung von Feldeffekttransistoren mit isolierter Steuerelektrode

9.3 Feldeffekttransistoren mit Schottky-Kontakt

Die Raumladungsrandschicht eines Schottky-Kontaktes kann ebenso wie diejenige eines pn-Überganges zur Steuerung der effektiven Dicke eines Halbleiterkanals ausgenutzt werden. Die Herstellung von sperrenden Metall-Halbleiter-Kontakten — insbesondere durch Aufdampfen —

ist bei Verbindungshalbleitern mit hohem Bandabstand im allgemeinen einfacher als die von gut sperrenden pn-Übergängen mittels Diffusions- oder Legierungstechnik. Die an der Grenze Metall-Halbleiter auftretenden Grenzflächenzustände haben keinen Einfluß auf die Variation der Randschichtdicke mit der angelegten Sperrspannung. Die Verwendung von SCHOTTKY-Kontakten als Steuerelektrode bietet daher bei Galliumarsenid fertigungstechnische Vorteile sowohl gegenüber den Sperrschicht-Feldeffekttransistoren als auch gegenüber den Feldeffekttransistoren mit isolierter Steuerelektrode [9.7]. Mit dem Prinzip der Steuerung durch SCHOTTKY-Kontakte sind insbesondere Bauelemente für sehr hohe Frequenzen (> 1 GHz) realisiert worden [9.8].

Als Ausgangsmaterial zur Herstellung von Feldeffekttransistoren mit SCHOTTKY-Kontakt dient ein hochohmiges Substrat mit einer epitaxial aufgebrachten n-leitenden Schicht, deren Dicke a und Dotierung N_D sich nach den in Gl. (9.1), (9.2) und (9.3) gegebenen Dimensionierungsvorschriften richten (Abb. 9.4a). Für Höchstfrequenzbauelemente sind dünne Schichten ($a \approx 0{,}2\ \mu$m) mit hoher Dotierung ($N_D \approx 10^{17}\ \mathrm{cm}^{-3}$) günstig [9.9].

Zur Maskierung und als Oberflächenschutz eignet sich eine phosphorhaltige Siliziumdioxidschicht. Nach Durchführung der Isolierdiffusion (Abb. 9.4b) werden die ohmschen Kontakte einlegiert, beispielsweise mit Au/Te bei 500 °C (Abb. 9.4c). Für den SCHOTTKY-Kontakt, der unter möglichst sauberen Bedingungen aufgedampft werden soll, eignen sich viele Metalle, wie Gold, Silber, Nickel, Molybdän u.a. Als Beispiel ist in Abb. 9.4d ein Goldkontakt eingezeichnet. Die Kontaktausläufer bestehen aus Gold mit Chromunterlage.

Die metallischen Verbindungen (ohmsche Kontakte, Steuerelektrode, Kontaktausläufer) können mit der üblichen Technik durch ganzflächige Metallbedampfung und anschließende selektive Ätzung unter Anwendung der photolithographischen Methoden hergestellt werden (subtraktives Verfahren). Bei sehr kleinen Strukturen (Elektrodenabstand $< 5\,\mu$m) ist es zweckmäßiger, zunächst ein Lackmuster aufzubringen, das die

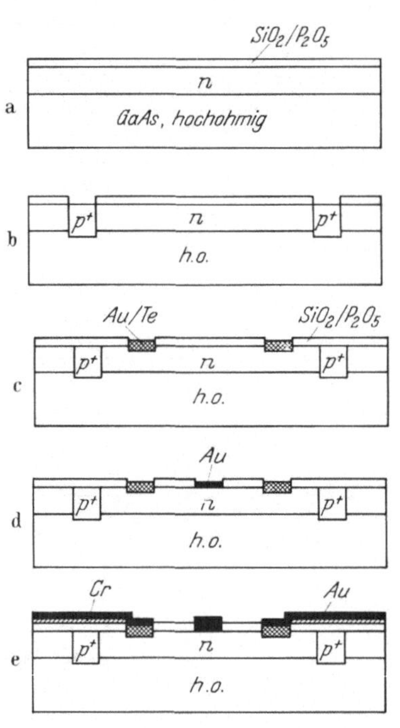

Abb. 9.4. Herstellung von Feldeffekttransistoren mit SCHOTTKY-Kontakt als Steuerelektrode

für die Metallisierung vorgesehenen Flächen freiläßt. Dieses Muster wird mit einer sehr dünnen Metallschicht (beispielsweise 50 Å Chrom und 500 Å Gold) bedampft. Durch Kochen in organischen Lösungsmitteln bringt man den Lack zum Quellen, so daß dieser — einschließlich der darüber befindlichen Metallschicht — mechanisch leicht entfernt wer-

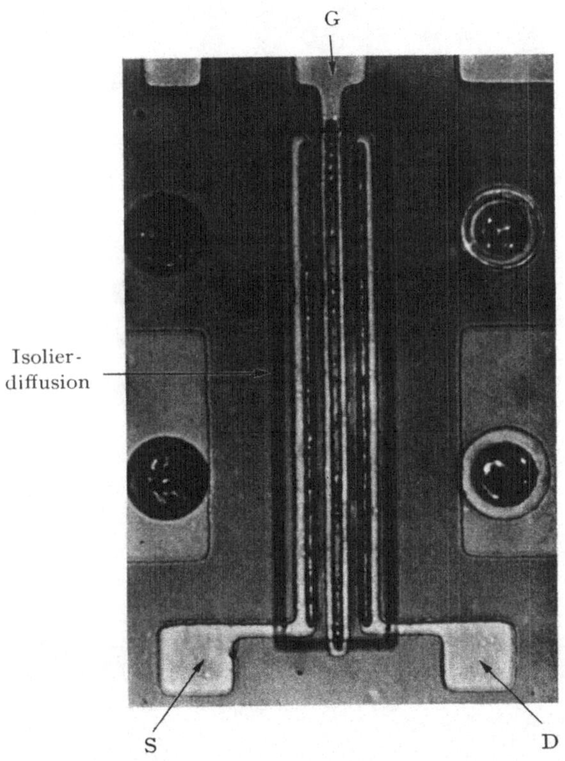

Abb. 9.5a. Feldeffekttransistor mit SCHOTTKY-Kontakt als Steuerelektrode
(S=Kathode, G=Steuerelektrode, D=Anode)
Struktur mit Isolierdiffusion

den kann. Das stehengebliebene Muster der metallischen Leitungszüge wird anschließend elektrolytisch verstärkt, um eine ausreichende Leitfähigkeit zu erzielen.

Abb. 9.5 a, b geben Mikrophotographien von Feldeffekttransistoren mit linearer und ringförmiger Geometrie (vgl. Abb. 9.1 a, b) wieder. Abb. 9.6 zeigt das Ausgangskennlinienfeld eines GaAs-Feldeffekttransistors mit einer Breite der Steuerelektrode von $b = 250\,\mu$m und einer Ausdehnung der Steuerelektrode in Stromrichtung von $l = 4\,\mu$m. Die Hystereseeffekte werden vermutlich durch Grenzflächenzustände an der Grenze hochohmiges Substrat/n-Kanal hervorgerufen.

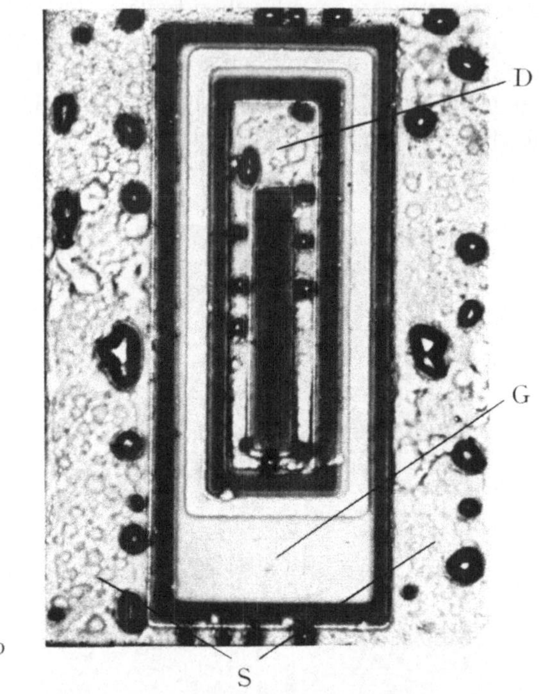

Abb. 9.5 b. Feldeffekttransistor mit SCHOTTKY-Kontakt als Steuerelektrode
(S=Kathode, G=Steuerelektrode, D=Anode)
Ringförmige Struktur

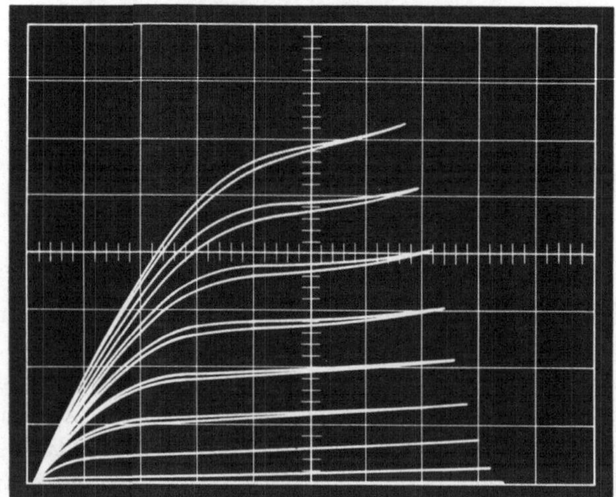

Abb. 9.6. Kennlinienfeld eines Feldeffekttransistors mit SCHOTTKY-Kontakt als
Steuerelektrode. Vertikal 2 mA/SkT, horizontal 1 V/SkT, Steuerspannung in Stufen
von 0,5 V [9.9]

Literatur Kapitel 9

[9.1] SHOCKLEY, W.: Proc. IRE **40**, 1365 (1952).
[9.2] KRESSEL, H., A. BLICHER and L. H. GIBBONS: Proc. IRE **50**, 2493 (1962).
[9.3] TURNER, J. A.: Gallium Arsenide: 1966 Symposium Proceedings, Institute of Physics and Physical Society, 213.
[9.4] WINTELER, H. R., and A. STEINEMANN: Gallium Arsenide: 1966 Symposium Proceedings, Institute of Physics and Physical Society, 228.
[9.5] BECKE, H., R. HALL and J. WHITE: Solid-State Electron. **8**, 813 (1965).
[9.6] BECKE, H. W., and J. P. WHITE: Electronics **40** No. 12, 82 (1967).
[9.7] MEAD, C. A.: Proc. IEEE **54**, 307 (1966).
[9.8] HOOPER, W. W., and W. I. LEHRER: Proc. IEEE **55**, 1237 (1967).
[9.9] STATZ, H., and W. v. MÜNCH: Solid-State Electron. **12**, 111 (1969).

10. Opto-elektronische Bauelemente

Wie in Kap. 3.2 ausgeführt, können mit Galliumarsenid Photodioden hergestellt werden, die optimal an das Spektrum des Sonnenlichtes angepaßt sind („Sonnenenergiewandler"). Von erheblich größerer technischer Bedeutung ist jedoch die direkte Umwandlung von elektrischer Energie in Lichtenergie unter Ausnutzung der in GaAs-pn-Übergängen auftretenden Rekombinationsstrahlung („Leuchtdioden").

Infolge der Bandstruktur des Galliumarsenids (siehe Kap. 2.1, Abb. 2.3) finden in diesem Halbleiter Elektronenübergänge vom Leitungsband in das Valenzband ohne Mitwirkung von Phononen statt. Diese Elektronenübergänge sind mit der Emission von Lichtquanten verbunden, deren Energie dem effektiven Bandabstand des verwendeten Materials (siehe Abb. 2.10) entspricht. Der Anteil strahlungslos verlaufender Elektronenübergänge bleibt demgegenüber gering, sofern das Material frei von bestimmten Störzentren (Kupfer, Ga-Leerstellen) ist. Durch Injektion von Minoritätsladungsträgern mittels eines pn-Überganges gelingt daher in Galliumarsenid die Umwandlung von elektrischer Energie in ultrarote Lichtenergie mit hohem Wirkungsgrad. Wegen der geringen Lebensdauer der injizierten Minoritätsladungsträger ist eine Modulation der Lichtintensität bis zu sehr hohen Frequenzen (≈ 1 GHz) möglich.

Festkörper-Leuchtdioden besitzen gegenüber den konventionellen Lichtquellen (Glühlampen, Gasentladungsröhren) u.a. folgende Vorteile: kleine räumliche Ausdehnung, Unempfindlichkeit gegen Stoß, geringere Ausfallwahrscheinlichkeit. Es ist zu erwarten, daß Leuchtdioden eine weite Verbreitung in Ableseeinrichtungen, optischen Steuer- und Regelgeräten etc. finden werden. Die Modulationsfähigkeit gestattet ferner eine breitbandige Signalübertragung über kürzere Entfernun-

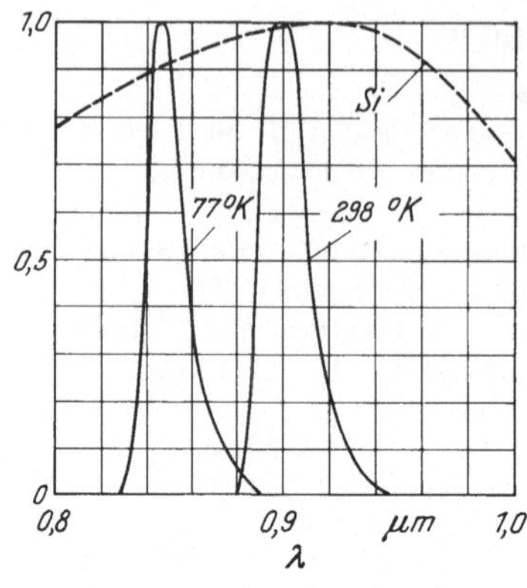

Abb. 10.1. Spektrale Verteilung der Emission von GaAs-Leuchtdioden (normiert). Gestrichelt: Empfindlichkeitsverteilung von Si-Photozellen

gen auf optischem Wege, wobei als Empfänger vorzugsweise Si-Photozellen, deren spektrale Empfindlichkeitsverteilung der Emission der GaAs-Dioden gut angepaßt ist (Abb. 10.1), verwendet werden. Die Kombination von GaAs-Leuchtdiode und Si-Photoempfänger eignet sich insbesondere zur galvanischen Trennung zweier Signalkreise mit rückwirkungsfreier Signalübertragung [10.1].

Für die Signalübertragung über größere Entfernungen können Injektionslaser, die in einem engen Spektralbereich kohärente, gebündelte Strahlung emittieren, eingesetzt werden.

10.1 Leuchtdioden

Zur Herstellung von Leuchtdioden sind im wesentlichen folgende Prozeßschritte erforderlich:

1. Bereitstellung des Grundmaterials
2. Herstellung des pn-Überganges
3. Formgebung der Diode (laterale Begrenzung des pn-Überganges)
4. Oberflächenschutz
5. Montage und Kontaktierung

Unter Anwendung der Planartechnik können die Schritte 2–4 teilweise zusammengefaßt werden.

Bei der Herstellung des pn-Überganges mittels Diffusion geht man von n-leitendem Grundmaterial (Donatorenkonzentration $5 \times 10^{17} - 3 \times 10^{18}$ cm^{-3}) aus*. Die Oberfläche ist eine (100)-Ebene, sofern die spätere Formgebung gemäß Abb. 10.2a durch Spaltung des Kristallmaterials entlang den (110)-Flächen erfolgen soll. Übliche Diffusionsbedingungen sind etwa folgende: Zn/Ga-Quelle mit hohem Zn-Gehalt ($\gtrsim 1\%$) oder ZnAs$_2$-Quelle (siehe Kap. 5.12.2), Temperatur 800–850 °C, Zeit 1–3 h, Diffusionstiefe 10–40 μm [10.2], [10.3]. Die Lichtausbeute derartiger Dioden läßt sich u.U. durch thermische Nachbehandlung (850–900 °C, ohne Quelle, jedoch mit Arsenzugabe) steigern.

---

* Bei Dotierung mit Elementen der VI. Gruppe (Selen, Tellur) werden verhältnismäßig niedrige Störstellenkonzentrationen, bei Dotierung mit Elementen der IV. Gruppe (Silizium, Zinn) hohe Störstellenkonzentrationen bevorzugt.

Durch Epitaxie aus der flüssigen Phase (Kap. 6.1) hergestellte pn-Übergänge können ebenfalls für Leuchtdioden Verwendung finden. Das Grundmaterial ist in diesem Falle beispielsweise p-leitend ($N_A \approx 10^{18}$ cm^{-3}), und die n-leitende Schicht wird aus einer tellurhaltigen, mit Galliumarsenid gesättigten Galliumschmelze (92 Gew. % Gallium, 8 Gew. % Galliumarsenid) bei 850 °C gewonnen. Die Anwesenheit einer galliumreichen Phase wirkt sich dabei — vermutlich durch Gettern von Kupfer und anderen Verunreinigungen — günstig auf die Quantenausbeute aus [6.1]. Die Kontaktierung des Subtratmaterials wird durch eine dünne p^+-Zone (Zn-Diffusion) erleichtert (Abb. 10.2 b).

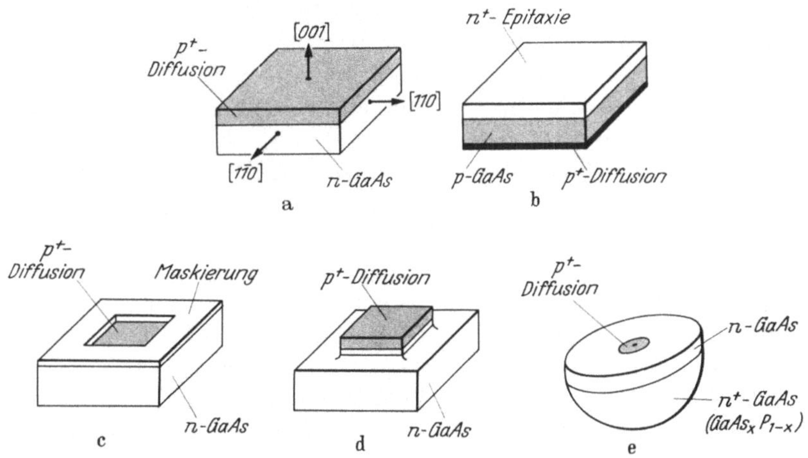

Abb. 10.2. Verschiedene Bauformen von GaAs-Leuchtdioden

Eine weitere Möglichkeit zur Herstellung von Leuchtdioden besteht in der Anwendung der Epitaxie aus der Gasphase (Kap. 4.4). Wegen der hierbei häufig an der Grenzfläche Substrat/Epitaxieschicht auftretenden Kristallbaufehler ist jedoch im allgemeinen eine thermische Nachbehandlung (kurzzeitige Diffusion bei 850—900 °C) erforderlich.

In Abb. 10.2 sind verschiedene Konfigurationen von GaAs-Leuchtdioden zusammengestellt. Durch Spaltung entlang von (110)-Flächen lassen sich Leuchtdioden geeigneter Größe aus einer ganzflächig diffundierten Scheibe herstellen (Abb. 10.2a). Die laterale Begrenzung des pn-Überganges kann auch durch übliche Methoden der Planartechnik (Maskierung mit phosphorhaltigem Siliziumdioxid, Siliziumnitrid oder Siliziummonoxid), sowie durch Mesa-Ätzung erfolgen (Abb. 10.2c, d). Bei hohen Ansprüchen an die externe Quantenausbeute ist eine halbkugelförmige Begrenzung des Halbleiterkörpers erforderlich (Abb. 10.2e).

Bei den meisten Bauformen, insbesondere bei der Mesa-Type (Abb. 10.2d), ist ein Oberflächenschutz, z.B. durch Auftragen von Siliziumdioxid, erforderlich, um Langzeitstabilität der Lichtemission zu gewährleisten. Die Kontaktierung der Dioden erfolgt nach den in Kap. 6.2 beschriebenen Verfahren.

Die innere Quantenausbeute (pro rekombinierendes Elektron-Loch-Paar erzeugte Lichtquanten) läßt sich vermutlich durch weitere Verbesserung der Herstellungsprozesse für den pn-Übergang nur noch geringfügig erhöhen. Dagegen haben die Reabsorption im Innern des Halbleiterkörpers und die Reflexion an der Halbleiteroberfläche einen entscheidenden Einfluß auf die externe Quantenausbeute. Um die Reabsorption herabzusetzen, soll die erzeugte Rekombinationsstrahlung möglichst *langwellig* sein, während für das von der Strahlung zu durchdringende Halbleitermaterial eine möglichst weit im *kurzwelligen* liegende Absorptionskante erwünscht ist. Der effektive Bandabstand soll also im aktiven Bereich (Rekombinationszone) möglichst klein, außerhalb dieses Bereichs möglichst groß sein. Eine Verringerung des effektiven Bandabstandes ist beispielsweise durch Einbau von kompensierenden Störstellen (Donatoren und Akzeptoren) in hoher Konzentration möglich (s. Abb. 2.10). Geeignet ist hierfür insbesondere Silizium, das in Galliumarsenid sowohl zur Bildung von Donatoren als auch von Akzeptoren befähigt ist. Wie in Kap. 6.1 beschrieben, kann der Epitaxieprozeß mit flüssiger Phase so durchgeführt werden, daß ein pn-Übergang unter alleiniger Verwendung von Silizium als Dotierungsmaterial entsteht. Die auf diesem Wege hergestellten Leuchtdioden weisen ein Maximum der Emission bei 9200 Å auf und haben einen besonders hohen Wirkungsgrad [10.4].

Da in fast allen Leuchtdiodenstrukturen das n-leitende Material in geringerem Maße lichtabsorbierend wirkt als die p-leitende Zone, wird die Montage meist so vorgenommen, daß die Strahlung aus dem n-leitenden Teil der Dioden austreten kann. Muß eine verhältnismäßig dicke Halbleiterschicht von der Rekombinationsstrahlung durchlaufen werden, so ist es zweckmäßig, den Bandabstand des inaktiven GaAs-Materials etwas zu erhöhen, beispielsweise durch Zusatz von Phosphor (Verwendung von $GaAs_x P_{1-x}$, Abb. 10.2e).

Neben der Lichtabsorption im Halbleitermaterial müssen die Reflexionsverluste an der Halbleiteroberfläche möglichst weitgehend ausgeschaltet werden. Es ist dabei zu berücksichtigen, daß der Grenzwinkel der Totalreflexion infolge der hohen DK des Halbleitermaterials sehr klein ist. Günstig ist die in Abb. 10.2e gezeigte Halbkugelstruktur, wobei die Abmessungen nach dem Prinzip der WEIERSTRASS-Kugel zu wählen sind, d.h. der Kugeldurchmesser soll das $\sqrt{\varepsilon_r}$-fache des Durchmessers des diffundierten p-Gebietes betragen. Derartige Leuchtdioden können mit einem externen Wirkungsgrad von 20% hergestellt werden [10.5]. Eine weitere Verbesserung ist durch Auftragung reflexionsvermindernder Schichten möglich.

10.2 Injektionslaser

Bei hinreichend hohem Durchlaßstrom tritt in GaAs-Dioden in einer dem pn-Übergang benachbarten Zone Besetzungsinversion auf, d.h. die Unterkante des Leitungsbandes ist dort stärker mit Elektronen besetzt als die Oberkante des Valenzbandes. Diese örtliche Besetzungsinversion kann zur Laserwirkung* — Lichtverstärkung oder Erzeugung von kohärenter, monochromatischer Strahlung — herangezogen werden.

Die Verteilung der Elektronen auf das Leitungsband und das Valenzband bei hohem Injektionsstrom ist in Abb. 10.3 schematisch dargestellt. Infolge des hohen Beweglichkeitsverhältnisses $\mu_n : \mu_p$ (≈ 20) erfolgt in GaAs-Dioden vorwiegend Elektroneninjektion. Die aktive (lichtemittierende) Zone schließt sich daher im allgemeinen auf der p-Seite an den pn-Übergang an. Als Bedingung für das Auftreten der Besetzungsinversion kann die Beziehung nach BERNARD und DURAFFOURG [10.6]

$$E_{Fn} - E_{Fp} > h\nu \qquad (10.1)$$

angesetzt werden, d.h. der Abstand der Quasi-Ferminiveaus E_{Fn} und E_{Fp} muß in der aktiven Zone die Energie der emittierten Strahlung übersteigen. Es ist somit erforderlich, entartetes Halbleitermaterial — zumindest auf einer Seite des pn-Überganges — zu verwenden.

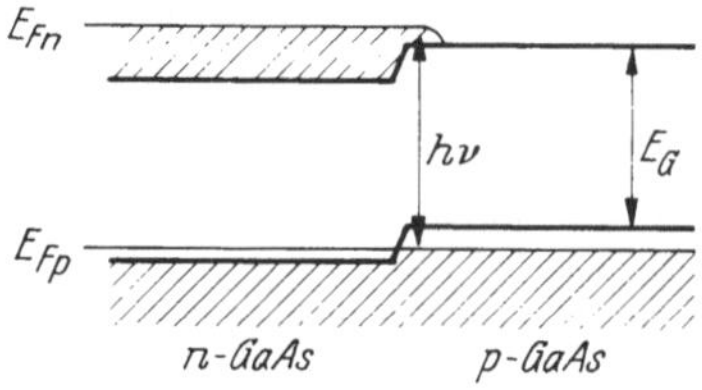

Abb. 10.3. Verteilung der Elektronen auf Valenz- und Leitungsband in einem pn-Übergang bei hoher Stromdichte

Der prinzipielle Aufbau des Injektionslasers ist in Abb. 10.4 dargestellt. Die Formgebung des Bauelementes wird so vorgenommen, daß zwei planparallele, auf der Ebene des pn-Überganges senkrecht stehende Endflächen entstehen. Die Endflächen, deren Reflexionsfaktor ohne Verspiegelung

$$R = \left(\frac{\sqrt{\varepsilon_r} - 1}{\sqrt{\varepsilon_r} + 1} \right)^2 \qquad (10.2)$$

bei Galliumarsenid in Luft rd. 30% beträgt, bilden den für Laserstrukturen erforderlichen PEROT-FABRY-Resonator.

---

* LASER = Light Amplification by Stimulated Emission of Radiation.

Bei geringen Strömen wird wie bei Leuchtdioden inkohärente, ungerichtete Strahlung emittiert („spontane Emission"). Der Lasereffekt (Emission kohärenter, gerichteter Strahlung) setzt bei hinreichend starker Besetzungsinversion ein, d. h. wenn durch Elektronenübergänge (Rekombination zwischen Elektronen und Löchern) einer zwischen den Laserendflächen hin- und herreflektierten Lichtwelle soviel Energie zugeführt werden kann, daß die durch Absorption im Halbleiter und die durch austretendes Licht an den Enden des Bauelementes entstehenden Verluste übertroffen werden. Als Bedingung für den Einsatz stimulierter Emission gilt die Gleichung

$$R \cdot e^{(\beta\, i_t - \alpha)\, l} = 1 \, , \tag{10.3a}$$

wobei R = Reflexionsfaktor an den Laserendflächen (bei unverspiegelten Endflächen durch Gl. (10.2) gegeben), β = Verstärkungsfaktor pro

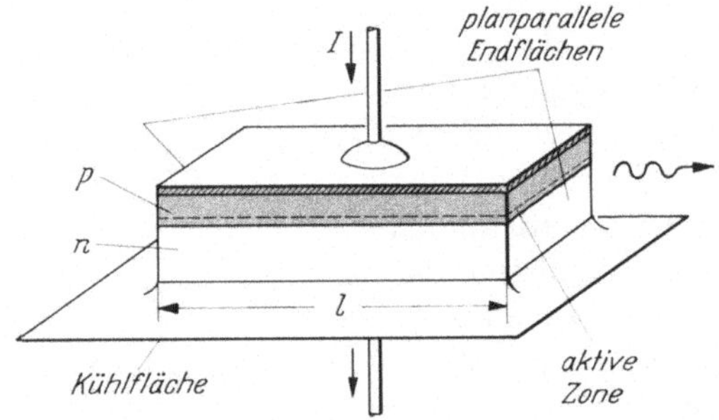

Abb. 10.4. Aufbau eines Injektionslasers (schematisch)

Längeneinheit und Einheit der Stromdichte, α = Absorption pro Längeneinheit, l = Länge des Injektionslasers (Abb. 10.4), i_t = Schwellenstromdichte. Für die Technologie von Injektionslasern ergibt sich somit vornehmlich die Aufgabe, den Verstärkungsfaktor β möglichst hoch zu machen, während die durch α ausgedrückten Lichtverluste möglichst gering gehalten werden sollen.

Der Herstellungsgang von Injektionslasern ist an einem Beispiel in Abb. 10.5 erläutert. Wegen der für die Laserwirkung notwendigen hohen Stromdichte wird sehr stark dotiertes Grundmaterial ($N_D \gtrsim 10^{18}$ cm^{-3}) bevorzugt. Bei der Auswahl des Halbleitermaterials ist auf größtmögliche elektrische *und* optische Homogenität zu achten [10.7], [10.8]. Eine exakte Orientierung des Kristallmaterials ist insbesondere bei Anwendung des Diffusionsprozesses (s. u.) erforderlich. Sofern alle vier Seitenflächen des Injektionslasers durch Spaltung entlang von (110)-Flächen entstehen sollen, ist eine Orientierung des Ausgangsmaterials gemäß Abb. 10.5a vorzunehmen. Sollen nur die Laser*endflächen* durch Spaltung hergestellt werden, so kann beispielsweise auch von einer (111)- oder ($\bar{1}\,\bar{1}\,\bar{1}$)-Ebene ausgegangen werden.

Der zunächst großflächige pn-Übergang kann durch Diffusion aus der Gasphase ($ZnAs_2$-Quelle, 850 °C, Diffusionstiefe 20–40 μm) erzeugt werden. Besonders wichtig ist bei Injektionslasern die Planarität des pn-Überganges. Bereits geringfügige Unebenheiten, die z.B. auf Kristallbaufehler des Ausgangsmaterials zurückzuführen sind, verursachen eine Erhöhung der für den Laserbetrieb erforderlichen Stromdichten [10.9], [10.10]. Eine thermische Nachbehandlung (900–1000 °C, unter Arsendruck) verbessert die Lasereigenschaften. Es werden bei diesem Prozeß die durch Zn-Diffusion hervorgerufenen Kristallbaufehler abgebaut bzw. in Gebiete verlagert, die weiter entfernt sind von der aktiven Zone [10.11], [10.12].

Als weitere Methode zur Herstellung von pn-Übergängen für GaAs-Injektionslaser ist die Epitaxie aus der flüssigen Phase (siehe Kap. 6.1) zu nennen. Die exakte Orientierung des Substratmaterials ist hierbei weniger kritisch, da sich — bei geeigneter Steuerung des Temperaturverlaufs — zunächst eine Lösungsfront entlang einer niedrig indizierten Kristallebene bildet. Das hiervon ausgehende epitaxiale Wachstum liefert außerordentlich ebene pn-Übergänge. Bei der Epitaxie aus flüssiger Phase kann von p- oder n-leitendem Substratmaterial ausgegangen werden. Tab. 10.1 zeigt Beispiele für die Substratdotierung und die Zusammensetzung der zur Epitaxie verwendeten Schmelze.

Tabelle 10.1. *Experimentelle Bedingungen zur Herstellung von GaAs-Injektionslasern mittels Epitaxie aus der flüssigen Phase*

Substrat	Ga/As-Schmelze			Aufwachs-temperatur [°C]	Lit.
	Ga [g]	GaAs [g]	Dotierung [mg]		
$n = 10^{18}$ cm^{-3} (Se)	4	0,8	140 (Zn)	855	[10.13]
$p = 2 \cdot 10^{19}$ cm^{-3} (Zn)	9	1,5	60 (Te)	950	[10.14]

Wegen des in Kap. 6.1 erwähnten Einflusses der Substratorientierung auf den Störstelleneinbau sind unterschiedliche Lasereigenschaften bei verschiedener Substratorientierung zu erwarten. Für die p-Typ-Epitaxie werden günstigste Lasereigenschaften bei (111)-Orientierung gefunden [10.13]. Eine Verbesserung der Eigenschaften ist bei Flüssigepitaxie-Lasern ebenfalls durch thermische Nachbehandlung (z.B. 1 h, 850 °C) möglich [10.14].

Nach Durchführung des Diffusions- oder Epitaxieprozesses werden die Plättchen auf eine gewünschte Dicke (ca. 70 μm) geläppt und ganzflächig kontaktiert. Hierzu sind die in Kap. 6.2, Tab. 6.4 und 6.5 angegebenen Verfahren zur Herstellung von ohmschen Schichtkontakten geeignet. Sehr hoch dotierte Zonen — insbesondere bei p^+-Diffusion — können auch mit reinem Gold und/oder Nickel (aufgedampft oder aus Lösungen abgeschieden) kontaktiert werden [10.15].

Die Zerlegung des GaAs-Plättchens in Einzelbauelemente kann nach dem in Abb. 10.5c, d angegebenen Schema erfolgen: Die planparallelen

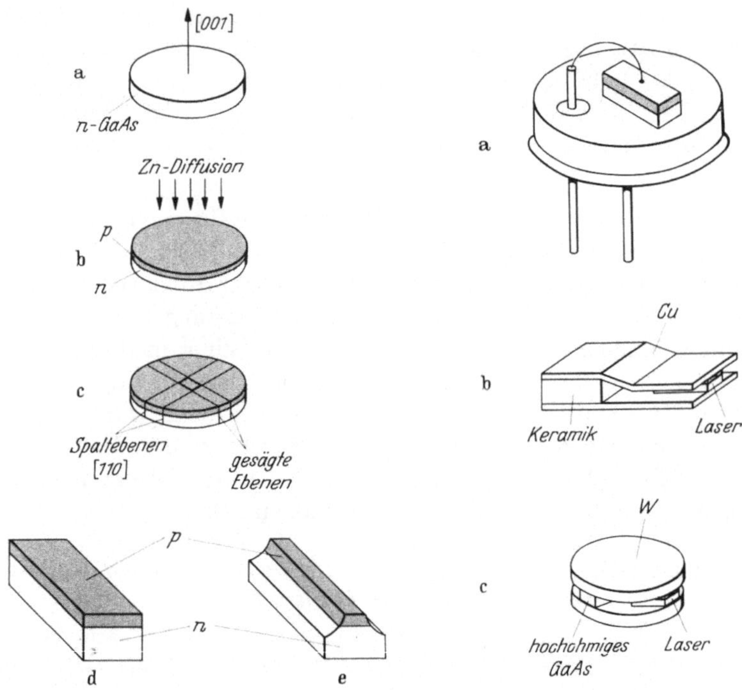

Abb. 10.5. Herstellung von GaAs-Injektionslasern (Beispiel)

Abb. 10.6. Montagearten für Injektionslaser

Endflächen des Injektionslasers entstehen durch Spaltung entlang von (110)-Ebenen; bei den Seitenflächen ist rauhe Beschaffenheit vorteilhaft. Für Laserdioden mit geringer Flächenausdehnung des pn-Überganges ist die Mesastruktur gemäß Abb. 10.5e vorzuziehen.

Bei der Montage des Injektionslasers muß für eine hinreichende Wärmeabfuhr gesorgt werden. Abb. 10.6 zeigt einige gebräuchliche Bauformen: Montage auf Transistorsockel (Abb. 10.6a), Einspannung zwischen Kupferblechen (Abb. 10.6b) und Einlöten zwischen Wolframscheiben unter Verwendung von hochohmigem Galliumarsenid als Material für Distanzhalter (Abb. 10.6c).

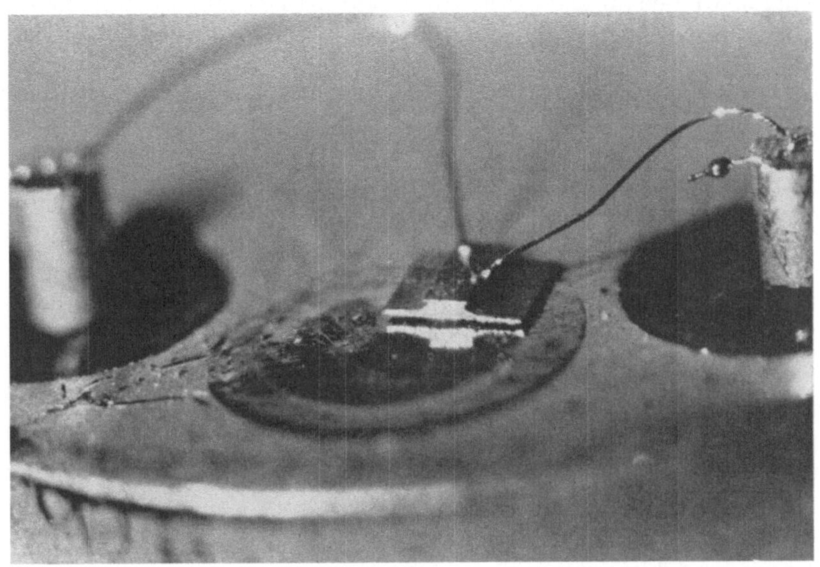

a

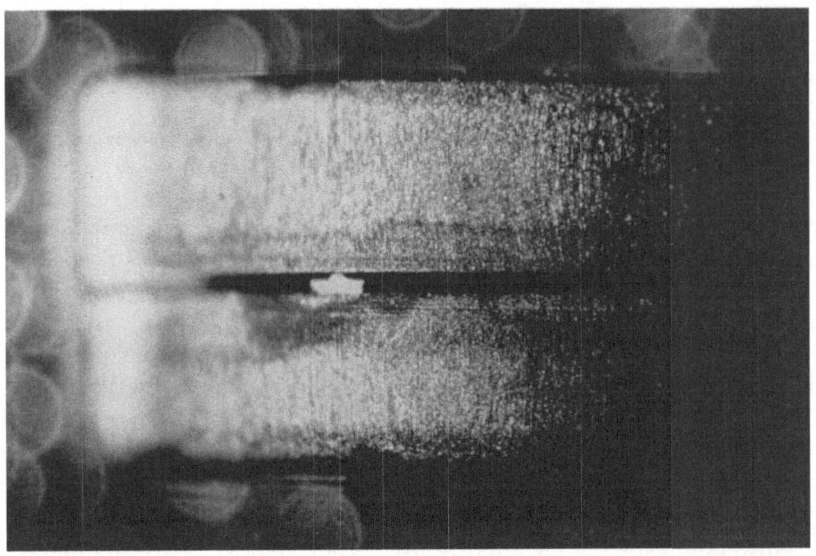

b

Abb. 10.7. Injektionslaser
a) Montage auf Transistorsockel, b) Einbau zwischen Wolframscheiben

Als anwendungstechnisch wichtigste Größe ist die Schwellenstromdichte i_t, d.h. die für den Laserbetrieb erforderliche Mindeststromdichte, anzusehen. Die Auflösung von Gl. (10.3a) liefert

$$i_t = \frac{\ln\,(1/R)}{\beta\,l} + \frac{\alpha}{\beta}\,. \tag{10.3b}$$

Durch Messung der Schwellenstromdichte an einer größeren Zahl von Laserdioden aus dem gleichen Fertigungsprozeß, jedoch mit verschiedener Länge l lassen sich — bei bekanntem Reflexionsfaktor R — die

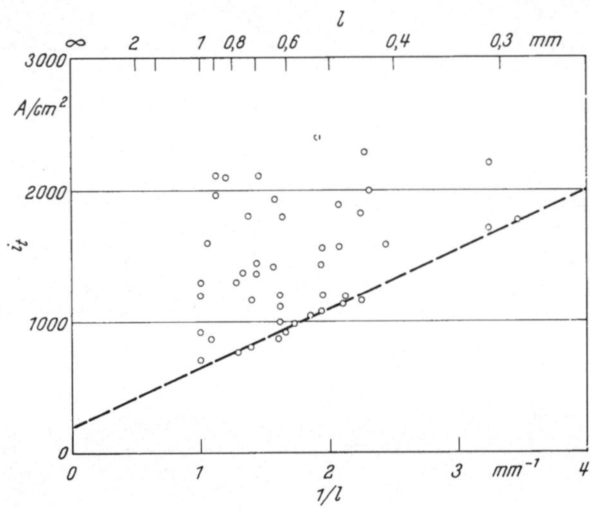

Abb. 10.8. Schwellenstromdichte und reziproke Länge von 45 aus gleichem Herstellungsprozeß stammenden Injektionslasern. Nach [10.7]

Absorptionskonstante α und der Verstärkungsfaktor β getrennt bestimmen. Abb. 10.8 zeigt ein Beispiel für eine Auftragung der Schwellenstromdichte i_t bei 77° K gegen die reziproke Länge $1/l$. Es zeigen sich dabei erhebliche Fertigungsstreuungen, d.h. fehlerhafte Injektionslaser weisen erhöhte Schwellenstromdichten auf. Man darf annehmen, daß die bei verschiedener Länge erreichbaren *niedrigsten* Schwellwerte zu einem einheitlichen α- bzw. β-Wert gemäß Gl. (10.3b) gehören, welcher für den betreffenden Herstellungsprozeß charakteristisch ist. Aus der gestrichelten Geraden in Abb. 10.8 ergibt sich beispielsweise mit $R = 0{,}25$ (Laser in flüssigem Stickstoff) $\alpha = 6{,}2\ \mathrm{cm}^{-1}$, $\beta = 3{,}1\cdot 10^{-2}\ \mathrm{cm/A}$ [10.7].

Anwendungstechnisch wichtig ist ferner der Temperaturgang der Schwellenstromdichte. Abb. 10.9 zeigt Beispiele für einen Injektionslaser mit diffundiertem pn-Übergang, sowie für Injektionslaser mit pn-Übergängen, die durch Epitaxie aus der flüssigen Phase hergestellt wurden. Infolge des außerordentlich starken Anstieges der Schwellenstromdichte bei Temperaturen oberhalb 100° K ist der Betrieb von Injektionslasern bei Zimmertemperatur nur impulsmäßig möglich.

Die spektrale Verteilung der Emission von GaAs-Injektionslasern bei 77° K ist in Abb. 10.10 dargestellt. Unterhalb der Laserschwelle, d.h. bei kleinem Strom, findet spontane Emission in einem relativ breiten Spektralbereich statt (untere Kurve Abb. 10.10). Die beim Überschreiten eines bestimmten Stromwertes einsetzende stimulierte Emission ist da-

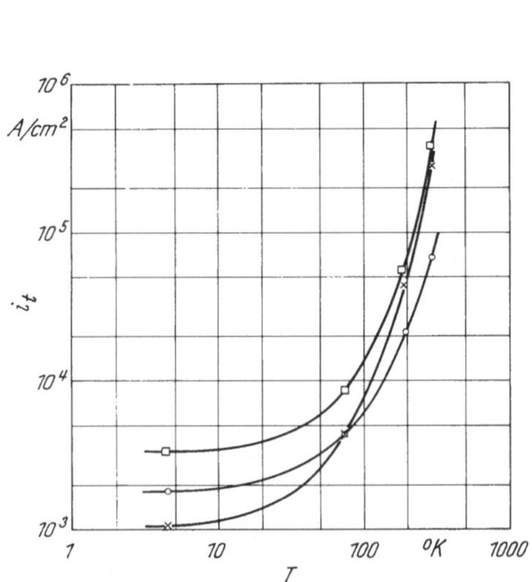

Abb. 10.9. Temperaturabhängigkeit der Schwellenstromdichte verschiedener Injektionslaser (—x—x— diffundiert,—□—□— Epitaxie aus flüssiger Phase, —O—O— Epitaxie aus flüssiger Phase mit thermischer Nachbehandlung). Nach [10.14]

Abb. 10.10. Emissionsspektrum eines GaAs-Injektionslasers bei 77° K für verschiedene Ströme (Ordinatennullpunkt jeweils verschoben). Nach [10.10]

gegen auf einen engen Spektralbereich begrenzt (Abb. 10.10, mittlere Kurve). Beim Betrieb mit hohen Strömen dominiert die stimulierte Emission (Abb. 10.10, obere Kurve).

Bei sehr hoher spektraler Auflösung findet man Emissionslinien, deren Abstand $\Delta\lambda$ sich aus den Eigenschaften des durch die Laserendflächen gebildeten PEROT-FABRY-Resonators ergibt

$$\Delta\lambda = \frac{\lambda^2}{2\,n\,l\left(1 - \dfrac{\lambda}{n}\dfrac{\mathrm{d}n}{\mathrm{d}\lambda}\right)} \tag{10.4}$$

(λ = Wellenlänge, n = Brechungsindex, l = Länge des Injektionslasers). Beispielsweise ist bei einem GaAs-Injektionslaser von $l = 0,4$ mm Länge der Linienabstand $\Delta\lambda = 5$ Å.

Die von Injektionslasern emittierte Strahlung ist polarisiert. Dabei steht der E-Vektor des Lichtes — insbesondere bei Lasern mit gleichförmig über den aktiven Bereich verteilter Emission — vorwiegend senkrecht auf der Ebene des pn-Überganges. Zur weiteren Diskussion der optischen Eigenschaften sei auf RIECK [10.16] verwiesen.

Literatur Kapitel 10

[10.1] BIARD, J. R., E. L. BONIN, W. T. MATZEN and J. D. MERRYMAN: Proc. IEEE **52**, 1529 (1964).
[10.2] HERZOG, A. H.: Solid-State Electron. **9**, 721 (1966).
[10.3] ARCHER, R. J., and D. KERPS: Gallium Arsenide: 1966 Symposium Proceedings, Institute of Physics and Physical Society, 103.
[10.4] RUPPRECHT, H.: Gallium Arsenide: 1966 Symposium Proceedings, Institute of Physics and Physical Society, 57.
[10.5] BIARD, J. R., and H. STRACK: Electronics **40** No. 23, 127 (1967).
[10.6] BERNARD, M. G. A., und G. DURAFFOURG: physica status solidi **1**, 699 (1961).
[10.7] SALOW, H., und K.-W. BENZ: Z. angew. Phys. **19**, 157 (1965).
[10.8] ZIEGLER, G., und H.-J. HENKEL: Z. angew. Phys. **19**, 401 (1965).
[10.9] MARINACE, J. C.: J. Electrochem. Soc. **110**, 1153 (1963).
[10.10] PILKUHN, M. H., and H. RUPPRECHT: Trans. Met. Soc. AIME **230**, 296 (1964).
[10.11] CARLSON, R. O.: J. Appl. Phys. **38**, 661 (1967).
[10.12] KIM, H. B.: Gallium Arsenide: 1968 Symposium Proceedings, Institute of Physics and Physical Society, 110.
[10.13] BENEKING, H., and W. VITS: IEEE J. **QE-4**, 201 (1968).
[10.14] PILKUHN, M. H., and H. RUPPRECHT: J. Appl. Phys. **38**, 5 (1967).
[10.15] PROEBSTING, R.: SCP and Solid-State Technol. Nov. 1964, 33.
[10.16] RIECK, H.: Halbleiter-Laser. Karlsruhe: G. Braun, 1968.

11. Elektronentransfer- (GUNN-Effekt-) Bauelemente

Der in Kap. 3.3 beschriebene Mechanismus des Elektronentransfers von einem Leitungsbandminimum hoher Beweglichkeit in ein Minimum niedriger Beweglichkeit führt zu einer Abhängigkeit der effektiven Driftgeschwindigkeit der Elektronen von der örtlichen Feldstärke gemäß Abb. 11.1*. In dem Bereich mit $dv_{dr}/dF < 0$ ist Mikrowellenerzeugung und -verstärkung möglich. Da es sich hierbei um einen Volumeneffekt handelt, besteht die Aufgabe bei der Technologie von Elektronentransfer-Bauelementen im wesentlichen darin, geeignetes n-Material herzustellen und mit ohmschen Kontakten zu versehen. Die Dotierung und die Proben-

---

* Der exakte Kurvenverlauf ist bisher noch nicht bekannt, da sich bei verschiedenen experimentellen Untersuchungen voneinander abweichende Resultate ergaben. Die Lage des Maximums wird außerdem etwas durch die Kristallqualität und die daraus resultierende Beweglichkeit bei niedrigen Feldstärken beeinflußt.

abmessungen sind der Frequenz und der Betriebsart entsprechend zu wählen.

Bei der Laufzeitschwingung nach GUNN [11.2] bewegen sich — unter konstanter angelegter Spannung — schmale Zonen hoher Feldstärke

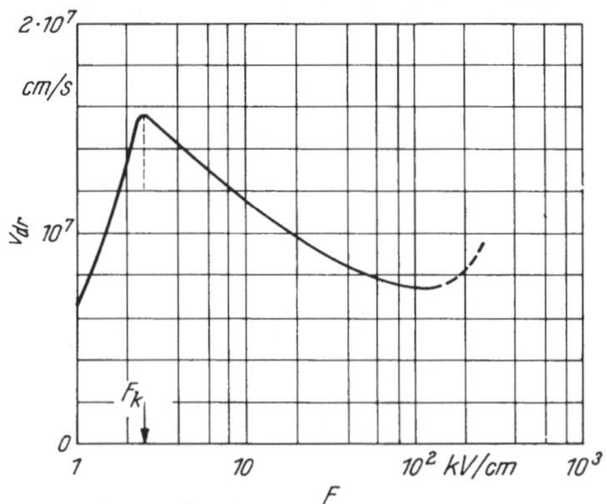

Abb. 11.1. Driftgeschwindigkeit der Elektronen in Galliumarsenid in Abhängigkeit von der Feldstärke. Nach [11.1]

(„Hochfelddomänen") von der Kathode zur Anode. Bei Ankunft jeder Hochfelddomäne an der Anode tritt im Lastkreis ein Stromimpuls auf. Die Bewegung der Hochfelddomänen erfolgt mit einer durch die angelegte Spannung nur wenig zu beeinflussenden Driftgeschwindigkeit $v_{dr} \approx 10^7$ cm/s. Die Frequenz der freien Laufzeitschwingung wird daher durch die Probenlänge l bestimmt:

$$f_{LG} = v_{dr}/l \qquad (11.1)$$

Durch geeignete äußere Beschaltung kann erreicht werden, daß die Hochfelddomänen bereits vor Erreichen der Anode verschwinden, insbesondere durch periodisches Absenken der Spannung unter den zur Aufrechterhaltung von F_k erforderlichen Wert. Es lassen sich somit auch Schwingungen realisieren, deren Frequenz sich im Bereich von ca. einer Oktave

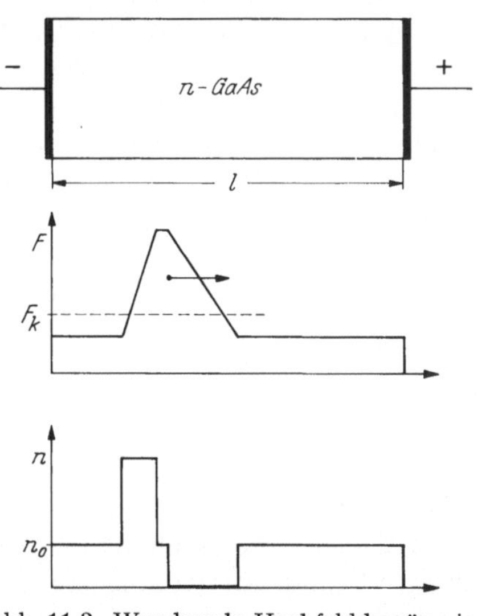

Abb. 11.2. Wandernde Hochfelddomäne in n-Galliumarsenid: Feldverteilung und Ladungsträgerkonzentration (schematisch)

10*

in der Nähe der durch Gl. (11.1) gegebenen Laufzeitgrundfrequenz abstimmen läßt [11.3].

Jede voll ausgebildete Hochfelddomäne ist von Raumladungsschichten begrenzt, welche kathodenseitig durch eine Ladungsträger*anreicherung*, anodenseitig durch eine Ladungsträger*verarmung* aufgebaut werden (Abb. 11.2). Außerhalb der Hochfelddomäne und der Raumladungszonen herrscht niedrige Feldstärke ($F < F_k$) und hohe Beweglichkeit der Ladungsträger. Die zum Aufbau der Hochfelddomäne erforderliche Zeit läßt sich zu $\tau_1 = \varepsilon/qn_0\,|\mu_-|$ abschätzen, wobei μ_- die aus Abb. 11.1 für $F > F_k$ zu entnehmende differentielle Beweglichkeit bedeutet ($\mu_- \approx$ -100 cm²/Vs). Voll ausgebildete *Laufzeitschwingungen* treten nur auf, wenn $1/f_{LG} \gtrsim 3\,\tau_1$ ist, d.h. wenn die Dotierung und die Dimensionierung des Bauelementes so gewählt werden, daß die Bedingung

$$n_0\,l \gtrsim 2 \times 10^{12}\,\text{cm}^{-2} \tag{11.2}$$

erfüllt ist. Bauelemente mit $n_0 l \lesssim 5 \times 10^{11}\,\text{cm}^{-2}$ können dagegen zur *Verstärkung* von Mikrowellen verwendet werden [11.4], [11.5].

Schwingungen mit einer von den geometrischen Abmessungen unabhängigen Frequenz können mit gutem Wirkungsgrad erzeugt werden, wenn man Elektronentransfer-Bauelemente bei hoher Gleichspannung (mittlere Feldstärke $\gtrsim 2\,F_k$) in einem Schwingkreis betreibt, dessen Periodendauer kleiner als $3\,\tau_1$ ist. In diesem Fall wird nur in Kathodennähe periodisch eine mit Ladungsträgern angereicherte Schicht aufgebaut (LSA-Betrieb* [11.6]). Es kommt jedoch nicht zur Ausbildung einer Hochfelddomäne. Der gesamte restliche Teil des Bauelementes verbleibt in einem Zustand hoher Feldstärke, d.h. negativen differentiellen Widerstandes. Die Frequenz muß ferner so gewählt werden, daß während des Bruchteiles der Periodendauer, in welchem die mittlere Feldstärke den Wert F_k unterschreitet, die Raumladungsschicht wieder vollständig abgebaut werden kann (Relaxationszeit $\tau_2 = \varepsilon/qn_0\mu_n$). Die vollständige Frequenzbedingung für den LSA-Betrieb lautet daher

$$3\,\tau_1 > 1/f \gg \tau_2$$

oder

$$2 \times 10^5 > n_0/f \gg 10^3\,[\text{s/cm}^3]. \tag{11.3}$$

Bei Elektronentransfer-Bauelementen mit einer Struktur gemäß Abb. 11.3 d erfolgt der Stromfluß in einer verhältnismäßig dünnen, auf hochohmiges Grundmaterial aufgebrachten n-leitenden Schicht. Die hiermit realisierbaren Betriebszustände werden in diesem Falle auch durch die

---

* LSA = Limited Space-charge Accumulation.

Dicke d der leitenden Schicht mitbestimmt. Für Bauelemente mit großem Elektrodenabstand l gilt

$$n_0\, d \gtrsim 2 \times 10^{11}\ \text{cm}^{-2} \tag{11.4}$$

anstelle von Gl. (11.2) für das Auftreten von Gunn-Schwingungen [11.7]. In der Konfiguration nach Abb. 11.3 d ist es außerdem möglich, die Ausbildung von Hochfelddomänen durch Beschichtung des Bauele-

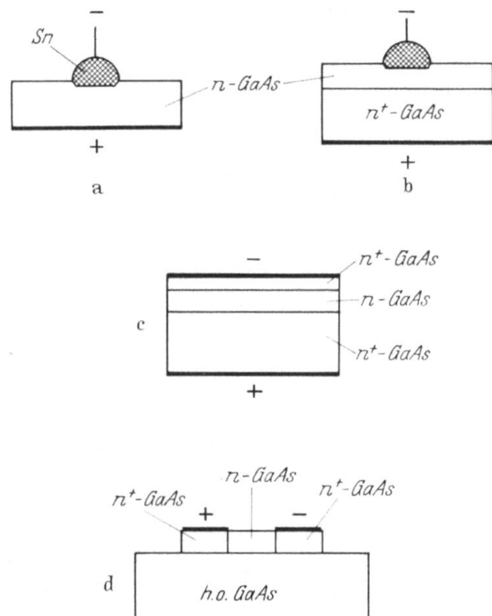

Abb. 11.3. Verschiedene Bauformen von Elektronentransfer-Bauelementen

mentes mit einem Werkstoff hoher DK (z. B. BaTiO$_3$) zu unterdrücken. Hierdurch wird der Dotierungsbereich, in welchem Verstärkerbetrieb zu realisieren ist, erheblich ausgeweitet [11.8].

Zur Herstellung von Elektronentransfer-Bauelementen sind im wesentlichen folgende Probleme zu lösen:

1. Bereitstellung des Grundmaterials
2. Kontaktierung
3. Montage mit Wärmeableitung.

Als Material für die aktive Zone von Elektronentransfer-Bauelementen wird n-leitendes Galliumarsenid mit einem spezifischen Widerstand zwischen 0,1 und 1000 Ωcm (Ladungsträgerkonzentration $10^{12} - 10^{16}$ cm^{-3}) verwendet. Da die Feldverteilung eine wesentliche Rolle bei der Ausbildung von Raumladungszonen und Hochfelddomänen spielt, sind besonders hohe Anforderungen an die Homogenität des Materials zu stellen. Der Einbau von tiefliegenden Donatoren ist nach Möglichkeit zu vermeiden, da sonst ein Material mit negativem Temperaturkoeffizienten des Widerstandes entsteht (Gefahr thermischer Instabilität). Die Niedrigfeld-Beweglichkeit sollte mindestens 5000 cm²/Vs betragen.

Für Elektronentransfer-Bauelemente geeignetes Material mit einem spezifischen Widerstand bis 10 Ωcm kann unter Verwendung von Graphit- oder Aluminiumnitridtiegeln mittels horizontaler Kristallisation (Kap. 4.1) oder mittels der Zugtechnik (Kap. 4.2) hergestellt werden. Bei Verwendung von hochreinen Quarztiegeln werden — unter Zugabe von Sauerstoff bzw. Ga_2O — hochohmige GaAs-Kristalle erhalten, die nachträglich durch Temperbehandlung auf einen spezifischen Widerstand zwischen 1 und 1000 Ωcm gebracht werden können. Das so hergestellte Material enthält allerdings durch Einbau von Sauerstoff hervorgerufene tiefliegende Donatoren [4.5].

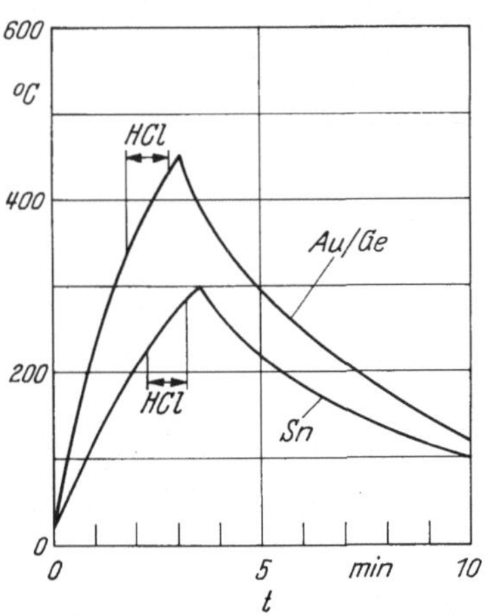

Abb. 11.4. Temperatur-Zeit-Diagramm des Legierungsprozesses von Sn- und Au/Ge-Kugelkontakten. Während der angegebenen Zeitdauer wird HCl-Gas dem Wasserstoffstrom zugesetzt

Das durch horizontale Kristallisation oder mittels der Zugtechnik hergestellte Galliumarsenid wird für Gunn-Oszillatoren niedriger Frequenz mit einer einfachen Struktur gemäß Abb. 11.3a verwendet. Die meisten Bauformen der Elektronentransfer-Bauelemente (insbesondere für höhere Frequenzen und für LSA-Betrieb) erfordern jedoch dünne epitaxiale Schichten auf einem hochdotierten Substrat (Abb. 11.3b, c). Derartige Schichten können durch Epitaxie aus der Gasphase (Kap. 4.4) oder aus nichtstöchiometrischer Schmelze (Kap. 6.1) hergestellt werden. Bei der epitaxialen Abscheidung ist besonders auf einwandfreie nn^+-Übergänge zu achten; bei unsauberer Substratoberfläche (Kupferspuren) können sich hochohmige Zwischenschichten bilden, welche die Funktionsfähigkeit der Bauelemente außerordentlich ungünstig beeinflussen.

Die vollkommen sperrfreie Kontaktierung des Halbleitermaterials ist bei Elektronentransfer-Bauelementen besonders wichtig, da hiervon in hohem Maße der erzielbare Wirkungsgrad und die Kohärenz der Schwingungen abhängen. Je nach Bauform werden Halbkugel- oder Schichtkontakte gemäß Tab. 6.2 oder 6.4 angebracht.

Bei den Bauformen nach Abb. 11.3a, b erfolgt die Kontaktierung auf der Anodenseite z.B. ganzflächig mit Zinn, auf der Kathodenseite durch Einlegieren von Metallkugeln in reduzierender Atmosphäre unter zeitweisem Zusatz von HCl-Gas. Abb. 11.4 zeigt einen für die Kontaktierung angewandten Temperaturzyklus. Zinnkontakte sind sehr leicht herzustellen, jedoch von geringer mechanischer Stabilität. Die mittels der eutektischen Legierung 88 Au + 12 Ge erhaltenen Kontakte sind hart, weisen jedoch u.U. eine inhomogene Eindringtiefe auf. Ein günstiger Kompromiß wird unter Verwendung der Legierung 44 Au + 6 Ge + 50 Sn

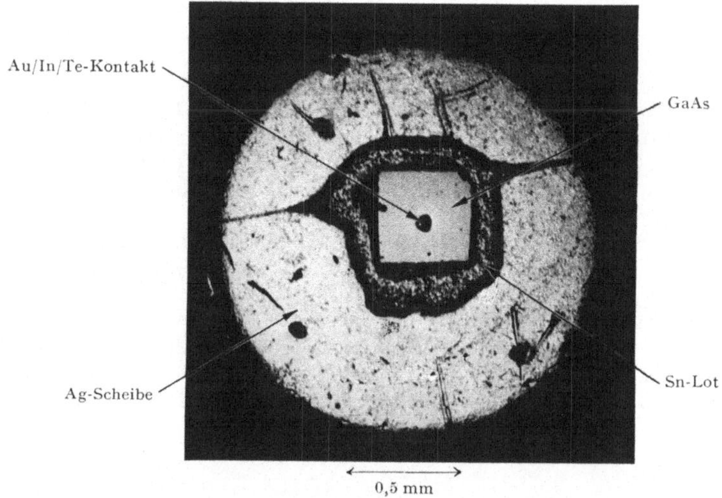

Abb. 11.5. Gunn-Oszillator (Bauart gemäß Abb. 11.3 b)

erzielt [11.10]. Ferner hat sich die Legierung 70 Au + 29 In + 1 Te bewährt.

Die für Schichtkontakte am häufigsten verwendeten Materialien sind Zinn, Germanium und Indium, meist in Kombination mit edleren Metallen (Nickel, Silber, Gold). Einige Beispiele sind in Tab. 11.1 zusam-

Tabelle 11.1. *Einige zur Kontaktierung von Elektronentransfer-Bauelementen verwendete Aufdampfschichten*

1. Schicht	2. Schicht	Legierungs-temperatur [°C]	Lit.
5000 Å Ni	5000 Å Sn	400	
5000 Å In	5000 Å Ni	300	[11.4]
5000 Å In	5000 Å Au	450	
500 Å Sn	5000 Å Ag	600	[11.9]
84 Au + 11 Ge + 5 Ni		450—480	[11.11]

mengestellt. Die Kontaktierung wird wesentlich erleichtert, wenn man auf die aktive n-Zone eine hochdotierte Schicht aufbringt (Epitaxie aus Gasphase oder flüssiger Phase, Abb. 11.3c). Ein ähnliches Verfahren ist auch für laterale Strukturen (Abb. 11.3d) möglich.

Eine Zusammenfassende Darstellung (bis Ende 1967) der mit Elektronentransfer-Bauelementen gegebenen Möglichkeiten ist von Bosch [11.12] veröffentlicht worden.

Literatur Kapitel 11

[11.1]   Heeks, J. S.: IEEE Trans. **ED — 13,** 68 (1966).
[11.2]   Gunn, J. B.: IBM J. Res. Dev. **10,** 300 (1966).
[11.3]   Gunn, J. B.: IBM J. Res. Dev. **10,** 310 (1966).
[11.4]   Hakki, B. W., and S. Knight: IEEE Trans. **ED — 13,** 94 (1966).
[11.5]   Thim, H. W., and M. R. Barber: IEEE Trans. **ED — 13,** 110 (1966).
[11.6]   Copeland, J. A.: J. Appl. Phys. **38,** 3096 (1967).
[11.7]   Kino, G. S., and P. N. Robson: Proc. IEEE **56,** 2056 (1968).
[11.8]   Kataoka, S., H. Tateno, M. Kawashima and Y. Komamia: Nachrichtentechn. Fachber. **35,** 454 (1968).
[11.9]   Bott, I. B., D. Colliver, C. Hilsum and J. R. Morgan: Gallium Arsenide: 1966 Symposium Proceedings, Institute of Physics and Physical Society, 172.
[11.10] Salow, H., und E. Grobe: Z. angew. Phys. **25,** 137 (1968).
[11.11] Braslau, N., J. B. Gunn and J. L. Staples: Solid-State Electron. **10,** 381 (1967).
[11.12] Bosch, B. G.: Die Telefunken-Röhre, Heft 47, 13 (1967).

12. Integrierte Bauelemente

Als elektrisch inaktives Trägermaterial für die Herstellung von integrierten Bauelementen steht Galliumarsenid mit einem spezifischen Widerstand bis ca. 10^8 Ωcm zur Verfügung. Hochohmiges Galliumarsenid kann nach folgenden Verfahren hergestellt werden:

1. Durch Einbau von *Akzeptoren* mit hoher Ionisierungsenergie (Chrom, Eisen), wobei die Konzentration N_{AA} dieser tiefliegenden Akzeptoren diejenige der unkompensierten Donatorverunreinigungen (meist Silizium) übertreffen muß, d. h. $N_{AA} > N_D - N_A$ (siehe Abb. 2.9a).

2. Durch Einbau von *Donatoren* mit hoher Ionisierungsenergie (Sauerstoff), wenn es dabei gleichzeitig gelingt, die Konzentration der Donatoren geringer Ionisierungsenergie (Silizium) soweit herabzudrücken, daß ein Überschuß an flachen Akzeptoren (vermutlich thermisch erzeugte Leerstellen) entsteht. Die Bedingung für das Auftreten hochohmigen Materials lautet in diesem Falle $N_{DD} > N_A - N_D$ (N_{DD} = Konzentration tiefliegender Donatoren, siehe Abb. 2.9b).

Chrom- und Sauerstoffdotierung führen zu GaAs-Kristallen mit einem spezifischen Widerstand von ca. 10^6 bis 10^8 Ωcm, während durch Dotierung mit Eisen — infolge geringerer Aktivierungsenergie — nur ein spezifischer Widerstand von etwa 10^5 Ωcm erreicht werden kann.

Da bei den Prozessen zur Herstellung von integrierten Bauelementen das Substrat im allgemeinen hohen Temperaturen ausgesetzt ist (z. B. Epitaxie, Diffusion), muß der thermischen Stabilität des isolierenden Grundmaterials besondere Beachtung geschenkt werden. Der spezifische

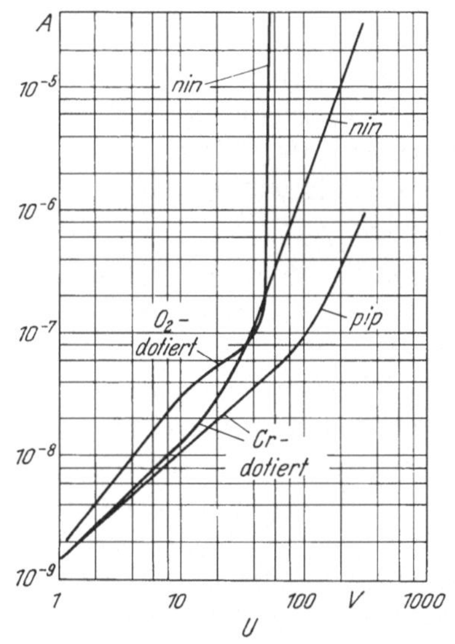

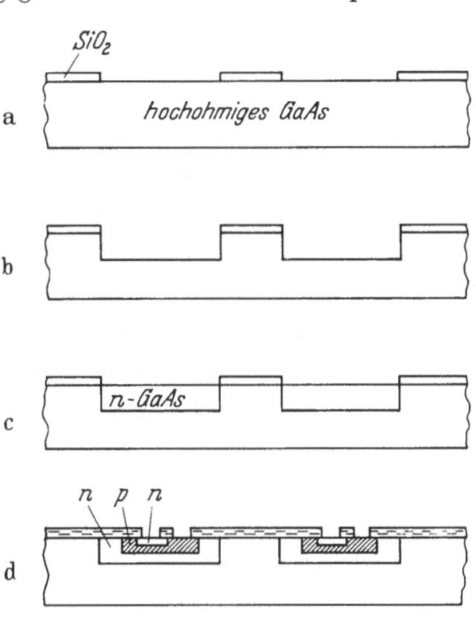

Abb. 12.1. Strom-Spannungs-Kennlinien für verschiedene GaAs-Strukturen mit hochohmiger (sauerstoff- bzw. chromdotierter) Mittelzone von 0,25 mm Dicke. Nach [12.1]

Abb. 12.2. Verfahrensschritte zur Herstellung von integrierten Bauelementen mittels selektiver Epitaxie (Beispiel *npn*-Transistoren)

Widerstand von sauerstoffdotiertem Material kann bei Temperaturbehandlung um mehrere Größenordnungen absinken (s. auch Kap. 4.2 bzw. Lit. [4.5]). Bei chromdotiertem Material wird dagegen im allgemeinen — abgesehen von einer dünnen Oberflächenschicht — keine Beeinträchtigung der Isoliereigenschaften nach Durchführung von Hochtemperaturprozessen beobachtet.

Bei der Auslegung von integrierten Schaltungen ist zu berücksichtigen, daß hochohmiges Galliumarsenid nur in begrenztem Umfange sperrfähig ist. Ladungsträger aus benachbarten halbleitenden Gebieten können beispielsweise zu einem Strom durch die hochohmigen Zonen führen, falls nicht eine ausreichende Zahl von Haftstellen zur Verfügung steht. Abb. 12.1 zeigt Beispiele für Strom-Spannungs-Kennlinien bei verschiedenen Strukturen mit einer hochohmigen Mittelzone von 0,25 mm Dicke. Wie aus Abb. 12.1 hervorgeht, bricht die Sperrfähigkeit einer aus sauerstoffdotiertem Galliumarsenid bestehenden hochohmigen Zone von 0,25 mm Dicke bei einer angelegten Spannung von 50 V vollständig zusammen. Die Durchbruchspannung nimmt mit dem Quadrat der Dicke der hochohmigen Zone zu. Bei Verwendung von Cr-dotierten Isolierzonen steigt der Strom zwar überproportional an, wenn die Spannung einen kritischen Wert überschreitet, jedoch verbleibt eine für die meisten Anwendungszwecke noch ausreichende Sperrfähigkeit [12.1], [12.2].

Infolge der Ladungsträgeranregung aus tiefliegenden Energieniveaus nimmt der spezifische Widerstand von hochohmigem Galliumarsenid mit steigender Betriebstemperatur stark ab, beispielsweise bei Cr-dotiertem Material von 10^8 Ωcm bei Zimmertemperatur auf 10^4 Ωcm bei 200 °C. Für höhere Betriebstemperaturen wären u.U. Mischkristalle der Form GaP_xAs_{1-x} als Substratmaterial zu verwenden.

Die Herstellung von integrierten Bauelementen sei anhand eines Beispiels in Abb. 12.2 erläutert. Unter Anwendung der SiO_2-Maskierungstechnik und der Photolithographie werden begrenzte Bereiche des GaAs-Substrates freigelegt (Abb. 12.2a), so daß mittels einer geeigneten Ätzlösung oder durch Gasätzung Vertiefungen an den für die aktiven Bauelemente vorgesehenen Stellen erzeugt werden können (12.2b). Diese Vertiefungen werden durch epitaxiale Abscheidung von n- oder p-leitendem Galliumarsenid aufgefüllt (Abb. 12.2c). Die voneinander elektrisch isolierten, halbleitenden Inseln dienen als Grundmaterial für elektronische Bauelemente (z.B. npn-Transistoren gemäß Abb. 12.2d), die nach einem der in den vorangegangenen Kapiteln beschriebenen Verfahren herzustellen sind.

Bei der Erzeugung von halbleitenden Inseln in einem hochohmigen Substrat treten u.a. folgende Probleme auf:

1. Bei den meisten Ätzverfahren muß mit einer an den Kanten der freigelegten Gebiete stark erhöhten Ätzrate gerechnet werden, d.h. es entsteht eine rillenförmige Randvertiefung, die jedoch bei der nachfolgenden Epitaxie bevorzugt aufgefüllt wird, so daß trotzdem eine ebene Oberfläche gemäß Abb. 12.2c entstehen kann. Die ungleichmäßige Abtragung in begrenzten Gebieten kann durch Anwendung spezieller Ätzverfahren (z.B. mit 0,7 n H_2O_2 + 1 n NaOH) vermieden werden [12.3].

2. Bei der Epitaxie muß mit sehr schwacher Übersättigung der Dampfphase gearbeitet werden, damit die Abscheidung von Galliumarsenid auf die gewünschten Bereiche (exponierte GaAs-Oberfläche) beschränkt bleibt [12.4].

3. Die Wachstumsrate der Epitaxie ist bei begrenzten Flächen erheblich größer als bei unmaskierten Substraten. Um eine exakte Auf-

füllung der eingeätzten Vertiefungen erreichen zu können, muß daher die Wachstumsrate für jede Maskierungsgeometrie besonders bestimmt werden.

Abb. 12.3 zeigt eine Mikrophotographie von halbleitenden Inseln, die nach der vorstehend beschriebenen Methode unter Anwendung des

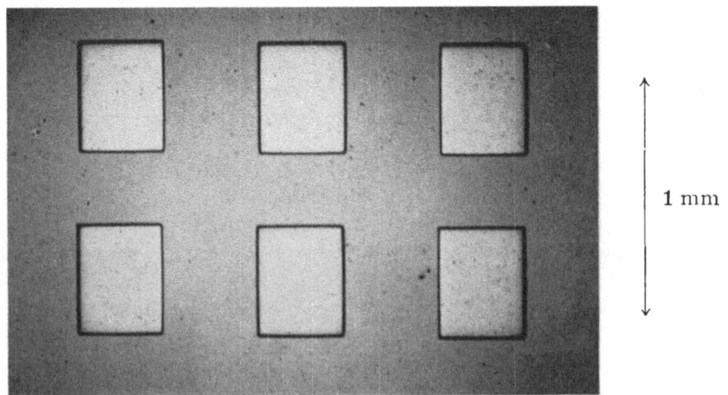

Abb. 12.3. Durch selektive Epitaxie hergestellte Inseln von n-leitendem Galliumarsenid auf hochohmigem GaAs-Substrat

Ga/AsCl$_3$-Verfahrens hergestellt wurden. Für eine derartige Geometrie betrug der Isolationswiderstand zwischen benachbarten Inseln bei Zimmertemperatur $2 \times 10^8\,\Omega$, bei 100 °C noch rd. $10^6\,\Omega$ ($U = 20$ V [12.5]). Weitere Anwendungsbeispiele siehe [12.6].

Literatur Kapitel 12

[12.1] MEHAL, E. W., R. W. HAISTY and D. W. SHAW: Trans. Met. Soc. AIME 236, 263 (1966).
[12.2] HAISTY, R. W., and P. L. HOYT: Solid-State Electron. 10, 795 (1967).
[12.3] SHAW, D. W.: J. Electrochem. Soc. 113, 958 (1966).
[12.4] SHAW, D. W.: Electrochem. Soc. 113, 904 (1966).
[12.5] v. MÜNCH, W., H. STATZ and A. E. BLAKESLEE: Solid-State Electron. 9, 826 (1966).
[12.6] MEHAL, E. W., and R. W. WACKER: IEEE Trans. ED-15, 513 (1968).

Sachverzeichnis